RELATION

D'UN

VOYAGE AU THIBET

Paris — Imprimerie de Gustave Gratiot, 30, rue Mazarine.

RELATION

D'UN

VOYAGE AU THIBET

EN 1852

ET D'UN VOYAGE CHEZ LES ABORS EN 1853

PAR M. L'ABBÉ KRICK

De la Société des Missions étrangères, Supérieur de la Mission du Thibet pour le Sud;

SUIVIE

DE QUELQUES DOCUMENTS SUR LA MÊME MISSION

PAR MM. RENOU ET LATRY.

PARIS

A LA LIBRAIRIE DE PIÉTÉ ET D'ÉDUCATION

D'AUGUSTE VATON

50, RUE DU BAC

1854

PRÉFACE

Les fidèles de l'Occident tournent avec intérêt les regards vers deux contrées où brillait autrefois le flambeau de la foi trop tôt éteint sous le souffle de la persécution. Ils se demandent avec une pieuse anxiété si l'on ne verra pas bientôt la vivifiante lumière de l'Évangile éclairer de nouveau le Japon et le Thibet.

Le saint-siége, à la sollicitude duquel rien n'échappe de ce qui intéresse l'agrandissement du royaume de Jésus-Christ, a confié à la Société des Missions-Étrangères la noble tâche d'évangéliser les îles lointaines et la terre du Lamasisme. C'est certes un grand honneur pour cette Société, qui a depuis plusieurs années l'insigne bonheur d'acquitter pour l'Église le providentiel tribut du sang, de ce sang qui, selon un mot fameux, est une semence de chrétiens. C'est aussi un honneur pour la France, si fertile en apôtres, et dans la nature de laquelle il est d'être le véhicule le plus puissant de la vérité comme de l'erreur.

La Société des Missions-Étrangères ne manquera pas à sa glorieuse mission. Déjà elle a débuté au Japon en creusant un tombeau pour un de ses missionnaires [1], et au Thibet en plantant une croix. Un tombeau et une croix, n'est-ce pas pour le missionnaire comme pour l'Église une source de légitime espérance?

Les tentatives se poursuivent. M. Colin, vicaire pontifical, aidé par quelques dévoués confrères, cherche à pénétrer dans le Japon. Monseigneur Verrolles, vicaire apostolique de la Mandchourie, a promis de les seconder du côté du nord. Le livre que nous publions dira les efforts que l'on tente dans le sud et l'est du Thibet. Les hommes ni le courage ne manqueront, car le feu du zèle apostolique est loin de s'éteindre, on le reconnaît à ces nombreux aspirants qui accourent au séminaire des Missions-Étrangères comme saintement attirés par le parfum des reliques des martyrs. A Dieu de couronner les entreprises de ses apôtres.

Nous ne voulons pas faire une préface trop longue à l'occasion d'un ouvrage si court, ni placer un avant-propos trop sérieux à la tête d'un livre qui ne l'est qu'à moitié. Aussi bien, ceci n'est qu'un journal dont les feuillets, saisissant reflet des impressions de l'au-

[1] M. Adnet, mort aux îles Lieou-Kieou, qui font partie de l'empire Japonais.

teúr, ont été écrits dans les haltes du voyage. M. Krick s'y montre avec ses allures franches, son caractère enjoué. Pourquoi pas? pourrait-on trouver mauvais que le missionnaire égayât un peu sa route si âpre ; et ne s'étonnera-t-on pas plutôt de trouver tant de sang-froid, de calme, de gaieté parmi des dangers sans nombre, et dans ce cortége continuel de privations toujours si pénibles et parfois si humiliantes?

On se tromperait en pensant que le voyage de M. Krick a été infructueux et sans résultat. Il s'est convaincu qu'on pouvait pénétrer au Thibet par les Himalayas; il a fait connaissance avec les chefs de tribu qui se trouvent sur le chemin; il a constaté qu'on pourrait établir des communications entre le Thibet et Assam. C'était fort important. Maintenant, le voilà reparti pour le Thibet, comme on le verra, et c'est un chef michemi qui lui sert de guide.

Les diverses relations que nous publions ont paru en grande partie dans ce recueil si pieux et si intéressant à la fois que l'on peut appeler à juste titre les Actes des Apôtres du dix-neuvième siècle. On comprend que nous parlons des *Annales de la Propagation de la Foi*. Cependant nous avons ajouté plusieurs détails d'après les manuscrits des auteurs, afin que ce travail ne fût pas une banale et inutile reproduction.

Puisse ce livre apporter gloire à Dieu, édification à l'Église, et à ceux dont il redit les apostoliques efforts, la douce assurance que les vives sympathies de leurs frères d'Europe leur sont assurées en même temps que leurs prières et leur généreux concours!

Paris, 21 juillet 1854.

J. C***.

RELATION

D'UN

VOYAGE AU THIBET

EN 1852

CHAPITRE PREMIER.

Divers noms donnés au Thibet. — Tribus qui habitent les Himalayas. — Vains efforts des Anglais pour s'introduire au Thibet. — Difficultés de l'entreprise. — Motifs qui déterminent M. Krick au départ.

Monsieur[1], je suis heureux d'avoir, pour la première fois, l'occasion de vous témoigner ma profonde reconnaissance de la bonté que vous avez eue de me donner des leçons de thibétain. Ces notes que j'ai prises sur les lieux, pendant mon voyage, ne sauraient vous intéresser comme pièce littéraire; mais je suis

[1] Cette relation est adressée à M. Foucaud, professeur de thibétain, à Paris.

sûr que vous les parcourrez avec plaisir par cela seul qu'elles viennent du Thibet.

D'où vient le nom de *Thibet?* Je l'ignore. Malgré mes investigations, je n'ai pas pu obtenir des Thibétains un nom générique qui servît à désigner leur pays.

Le Thibet est appelé par Wilcox, et autres auteurs, *Lama-Country*, nom inconnu aux Thibétains. Ils ont des noms particuliers pour désigner chaque province. Ainsi la province de Lassa est appelée Lassa-ïeu; celle où je suis arrivé se nomme Za-ïeu; mais il n'est jamais question de Lama-ïeu, c'est-à-dire pays des Lamas. Les Michemis eux-mêmes ne l'appellent pas Lama. Ils appellent le Thibet *Thelong*, plus rarement *Djamie*. Ce dernier nom pourrait bien être le même que Za-ïeu, prononcé différemment par les Michemis. Au pays de Assam, on emploie le mot Lama, car les Assamiens, ignorant le véritable nom, avaient employé celui de Lama, parce que le Thibet est le pays des Lamas.

La chaîne des Himalayas, qui court du nord à l'est, le long de la vallée d'Assam jusque dans l'empire Birman, est d'une hauteur, d'une aspérité, d'une sauvagerie à en faire, dans toute la force de l'expression, une barrière infranchissable, élevée entre la plaine au sud et le Thibet au nord. Plus d'un touriste verrait succomber aux premiers efforts santé et courage, deux auxiliaires cependant rigoureusement indispensables pour effectuer une pareille ascension; et, comme si la nature n'avait pas déjà accumulé assez d'obstacles, les peuples et les tribus sauvages qui habitent ces régions semblent être placés là exprès, comme des sentinelles fidèles et inexorables, pour éconduire ou égorger l'imprudent voyageur qui se met à leur portée.

Parmi ces peuples on distingue :

1° *Les Boutaniens*, dont le territoire s'étend de l'ouest à l'est, depuis la rivière Testa jusqu'à celle de Demsiri, et a pour limites, au nord, le Thibet, au sud, le Coos-Bezar et une partie d'Assam, à l'ouest, le Népaul, et à l'est, les États du raja de Towang.

Je ne connais que trois personnes qui aient obtenu la permission de pénétrer dans le Boutan : MM. G. Boyle en 1774, Turner en 1783, et Pemberton en 1838. Quoique cette autorisation eût été accordée à la demande du gouvernement anglais, que tous trois fussent ses représentants, on les força de passer par la même route, dans une contrée déserte et stérile, afin de leur donner une pauvre idée du pays. De plus, ils furent entourés de gens qui avaient défense de fournir aucun détail qui pût servir à leur faire connaître le Boutan. Tous les autres voyageurs, tels que MM. Rabin et Bernard, ont été arrêtés à la frontière, et ne l'ont franchie qu'en secret et de nuit. Les chefs placés aux avant-postes ont ordre de n'admettre aucun Européen, et le raja de Dewangiri disait à mes confrères : « Si je vous laisse passer, je suis sûr d'être décapité avant quinze jours avec tous mes ministres; j'ai les ordres du Deb-raja, que je ne saurais enfreindre sans encourir cette peine. »

2° *Les États du raja de Towang*, situés à l'est du Boutan, ont pour bornes Assam au sud et le Thibet au nord. Ils sont indépendants, selon les uns, tributaires de Lassa, selon d'autres. Quoi qu'il en soit, leur chef paraît aussi sévère que ceux du Boutan, pour l'exclusion de tout Européen.

3° *Les Akha* (sans bouche), enclavés dans les Dupêla, forment une tribu sans importance;

4° *Les Dupêla* manquent de deux qualités essentielles pour mériter une place dans la société civilisée, savoir, la propreté et la politesse. Quand je leur demandai la faveur d'entrer dans leurs montagnes, ils me répondirent d'un ton grossier et méchant : «Tu n'as rien à y chercher; reste chez toi.» J'eus beau leur parler avec bonté, ils avaient l'air de ces bêtes féroces qu'on veut caresser. Ils sont d'une saleté dégoûtante; aussi de leur corps, qu'ils ne lavent jamais, s'exhale une odeur fétide. Les femmes tatouent leur visage avec une couleur bleue foncée, et ont, grâce à cet usage, de larges favoris postiches et de longues moustaches, ce qui ne les rend pas plus propres. Les Dupêla ne communiquent pas directement avec le Thibet; ils ont à leur nord la tribu des Abors;

5° *Les Miri*, tribu née esclave de leurs land-lords, les Abors, se trouvent comme entre deux feux. Le gouvernement anglais d'un côté cherche à les gagner pour peupler la plaine, tandis que les Abors la réclament comme une ancienne propriété. Ils occupent sans aucune influence le pied des Himalayas seulement;

6° *Les Abors*, ou Pâdams, forment la tribu, de toutes, la plus riche, la plus puissante et la plus étendue. Bornée à l'ouest par les environs du Soubanshiri, à l'est par le Dihong, elle s'étend au sud jusqu'à la vallée d'Assam, et au nord, elle touche au Thibet. La large vallée du Dihong, peut-être le plus beau fleuve du monde, s'il est formé par le Zangpô, est sous sa domination;

7° *Les Michemis*, à l'est des Abors, à compter du 95° 40' jusqu'au 970°, et peut-être encore plus loin, s'étendent du Thibet à Assam, et ont la pleine possession des deux rives du Brahmapoutre. Ils sont partagés en trois grandes classes, savoir: 1° les Michemis Soulikatta (cheveux coupés); 2° les Michemis Taïns; 3° les Michemis Mizous. Les premiers ont pour confins, au nord, le Thibet, au sud, Assam, à l'ouest, les Abors. Les seconds sont sur les bords du Brahmapoutre, entre les Soulikatta à l'ouest, les Kampti à l'est, Assam au sud, et au nord les Mizous. Ces derniers touchent au Thibet;

8° Enfin *les Kampti et les Singfou*, dont les montagnes touchent aussi au Thibet.

Pour aller au Thibet, il faut traverser d'abord le pays des Michemis Taïns, puis celui des Mizous. On pourrait cependant y arriver par les montagnes des Kampti.

Toutes ces tribus, ainsi qu'une partie considérable du Boutan, ont leur douar (chemin, porte) qui aboutit à la vallée d'Assam; mais ces routes n'ont jamais été essayées avant 1824[1] par les Européens, la partie ouest du Boutan étant seule à la portée du Bengale.

Depuis que la compagnie est établie dans l'Inde, elle cherche à avoir un libre accès auprès du chef de Lassa, et à ouvrir surtout une voie de commerce entre le Thibet et le Bengale. Le gouverneur général de la compagnie fit demander à Lassa si on aurait pour agréable la visite d'un délégué de Sa Majesté Britannique. Tishou, lama alors régnant, accueillit favorablement la proposition, et M. G. Boyle fut chargé de cette ambassade. C'était en 1774.

[1] C'est en cette année que les Anglais s'emparèrent d'Assam.

Il fut très-bien reçu à Deshiripgay et à Tishou-Loumbou, et revint chargé des plus belles promesses. Mais Tishou-Lama étant mort peu de temps après de la petite vérole, pendant un voyage qu'il fit à Pékin, emporta dans sa riche tombe toutes les espérances qu'on avait fondées sur les dispositions amicales qu'il avait manifestées.

En 1783, on obtint de nouveau un sauf-conduit. M. Turner, porteur de deux lettres, une de condoléance sur la mort du grand lama, la seconde de félicitation sur sa réapparition au milieu de ses fidèles sujets, se présenta au lama. Il eut soin de lui rappeler les promesses qu'il avait faites avant sa mort; mais comme il était encore trop jeune, M. Turner se vit obligé de traiter avec le régent. Celui-ci ne s'en tint pas à de simples promesses; il y eut cette fois des engagements par écrit, qui, néanmoins, restèrent sans effet. Les uns prétendent que le régent outrepassa ses pouvoirs; d'autres disent que le lama, une fois à la tête des affaires, ne se crut pas tenu à accomplir les promesses du régent. La véritable raison, c'est que le Thibet ne voulait avoir rien à démêler avec le gouvernement anglais, dont il n'acceptait les délégués qu'avec répugnance. La lettre que M. Turner reçut en arrivant à la frontière prouve assez que le désir d'une *entente cordiale* n'était pas bien brûlant.

Depuis cette époque, je ne crois pas qu'il y ait eu d'autre ambassade, ou au moins de tentative politique directe de gouvernement à gouvernement.

Tous les autres voyageurs qui ont réussi à pénétrer dans le Thibet l'ont fait sans permission et contre les ordres de Lassa. MM. Huc et Gabet sont les seuls qui soient arrivés jusqu'à la capitale. Ksoma lui-même, comme les autres, s'est arrêté dans l'ouest, aux alentours de Cachemire. Il paraît cependant qu'il avait le dessein de pénétrer dans l'intérieur lorsqu'il fut surpris par la mort à Dayiling.

Je ne parlerai pas des voyageurs qui ont visité le Thibet aux treizième, quatorzième, quinzième et seizième siècles. Je ne prétends faire qu'un résumé de tous les efforts qu'on a faits depuis moins d'un demi-siècle pour explorer ce pays; et, en vérité, ces efforts ont été couronnés de bien petits succès. Personne encore n'a satisfait le désir que l'Europe entière manifeste de connaître le Thibet. La Chine n'y laisse entrer personne; l'est est donc fermé. Le nord est hors de portée, excepté par les Russes.

Mais d'où vient donc cette difficulté de pénétrer dans le Thibet? J'en ai déjà donné une raison, savoir, l'impossibilité morale d'approcher de la frontière. En second lieu, cette difficulté a sa source, d'abord dans la crainte de devenir une possession anglaise; car pour les indigènes, tout Européen est un espion de la Compagnie; et puis, dans la politique chinoise, il paraît que l'empereur envoie tous les ans des injonctions extrêmement sévères contre tout étranger. La Chine dit au Thibet: « Si tu enfreins mes ordres, tu seras puni. » La Chine et le Thibet disent au Boutan : « Tu es la clef du pays, si tu livres passage, nous te ferons la guerre. » Le Boutan dit aux chefs qui sont à la frontière : « Gardez chacun le district qui vous est confié; vous en répondez sur votre tête et sur celle de vos enfants. » Avant 1825, on n'avait pas encore essayé de pénétrer dans le Thibet par la partie sud des Himalayas, enclavée dans la vallée d'Assam, inconnue aux voyageurs européens; mais dès que les Anglais se furent emparés de la province, les officiers Neuville, Burlton, Bedford et Wilcox, y furent envoyés, investis d'une double mission politico-commerciale et scientifique.

Il est facile de comprendre quelle importance la Compagnie des Indes devait mettre à établir des relations commerciales entre le Thibet et Assam, et à explorer la partie sud-est des Himalayas, qui renfermait un mystère, la solution d'une des plus hautes questions géographiques.

Les missionnaires avaient beaucoup parlé du Zang-pô; on connaissait sa source, son cours près de Lassa, où on le perdait de vue. Ils avaient écrit aussi sur l'Irawadi, qui arrose l'empire Birman. Mais d'où venait-il? on ne le savait pas. Au sud, les Anglais parlaient du Brahmapoutre, comme de l'un des plus beaux, des plus larges, des plus terribles fleuves qu'il y eût. Ils le remontaient depuis son embouchure dans le Sunderbond, ou golfe du Bengale, jusqu'à l'extrémité est d'Assam. Mais en cet endroit, ils étaient obligés d'admirer sa tranchée, sans savoir où elle commençait, ni vers quel point elle se dirigeait. Le Dihong ouvrait un cratère plus large encore, et dégorgeait dans la plaine, avec une eau écumante, des rocs et des cailloux.

Les savants anglais et français agitaient depuis longtemps toutes ces questions. Il est permis de supposer que l'Angleterre était désireuse de publier en son nom un ouvrage, une carte sur des régions qui attiraient depuis bien des siècles les regards de l'Europe entière. Aussi tous les jeunes officiers anglais comprirent que leur mission était belle, honorable, qu'elle était de nature à les immortaliser. Ils couraient donc à l'envi l'un de l'autre, chacun voulant avoir seul l'honneur de fouler le premier ces montagnes vierges, de s'asseoir à la source de leurs fleuves, ou de voguer sur leurs eaux jusqu'à Lassa. Wilcox se plaint de ce que son chef Bedford l'écarta; lui à son tour n'attendit pas Burlton qui devait l'accompagner. Ils essayèrent tour à tour le Dihong et le Brahmapoutre, mais les sauvages faisaient bonne garde, les Abors, sur le Dihong, et les Michemis, sur le Brahmapoutre. Repoussés d'un fleuve, les Anglais revenaient à l'autre; lorsque enfin, de guerre lasse, Neuville, Bedford et Burlton abandonnèrent la partie, sans même avoir pu mettre le pied sur les Himalayas. Wilcox, resté seul, organisa une expédition sur le Brahmapoutre, avec un courage et une résolution des plus déterminés. Son gouvernement lui ayant alloué un traitement exorbitant, lui envoya de plus une quantité de riches présents pour gagner les bonnes grâces des sauvages, et s'engagea à payer toutes les dépenses supplémentaires qu'il jugerait à propos de faire. Lui, de son côté, n'oublia rien de ce qui pouvait faire réussir son entreprise. Il prit des soldats, s'entoura des personnes les plus influentes et les mieux informées, et partit de Sadya le 8 octobre 1826. Il traversa la tribu des Michemis Taïns, mais arrivé à Zingcha, village dans la tribu des Mizous, il fut arrêté par le chef Malô, qui lui défendit d'aller plus avant. Wilcox, malgré sa défense, se disposait à continuer sa route, lorsqu'on vint l'avertir que deux cents guerriers s'étaient assemblés pour l'attaquer à la pointe du jour et le mettre à mort. A cette nouvelle, pour tromper ses ennemis, Wilcox alluma des feux dans son camp, et prit la fuite à huit heures du soir. Après l'insuccès de cette tentative, on désespéra de pouvoir jamais pénétrer dans le Thibet. Néanmoins, on a fait depuis de nouvelles tentatives, non pas, il est vrai, avec autant d'appareil, mais toujours avec le désir aussi vif d'ouvrir une voie de commerce entre le Thibet et Assam.

En 1837, on envoya à cet effet le médecin Gritfith, mais il s'arrêta aux premiers villages taïns qui refusèrent de lui livrer passage chez les Mizous, sous prétexte qu'ils étaient en guerre avec ces derniers.

En 1846, le capitaine Rowlott obtint de son gouvernement la permission et les fonds nécessaires pour une nouvelle expédition sur le Brahmapoutre; car depuis le voyage de Wilcox, il n'était plus question d'y aller par le Dihong, tant les Abors s'étaient montrés sauvages et mal disposés.

Rowlott pénétra jusqu'à la rivière Dou, située à l'extrémité de la tribu des Taïns; mais il n'entra pas chez les Mizous. Il revint sans riz, sans argent, avec la consolation d'avoir vu au moins quelques Thibétains, qui voyageaient dans les montagnes pour acheter les produits des sauvages.

En 1847, un voyageur de l'Indoustan, qui était déjà allé au Thibet par une route que j'ignore, vint à Assam pour y retourner par la vallée du Brahmapoutre. Les autorités l'encouragèrent beaucoup, et lui donnèrent toute leur protection. Il pénétra plus loin qu'aucun des voyageurs que je viens de nommer, à une demi-journée de marche à peu près de Zingcha. Là, il fut tué avec son domestique, et leurs cadavres jetés dans le Brahmapoutre, après avoir été horriblement mutilés.

En 1848, Tchoking-Gohain, fils d'un chef Kampti qui avait conduit l'attaque contre le poste de Sadya, où le colonel Wheit trouva la mort, pour rentrer dans les bonnes grâces des Anglais, s'offrit à aller au Thibet. Le colonel Jinkins accepta avec plaisir sa proposition; et Gohain partit avec une lettre et des présents pour le chef des Thibétains. Tchoking-Gohain avait des chances de réussir. Il n'était pas Européen, il connaissait la langue des Michemis au milieu desquels il comptait des amis; aussi est-il le premier qui ait réussi à pénétrer dans le Thibet par la vallée de Brahmapoutre. Mais quand les Thibétains eurent pris connaissance de la lettre, ils le renvoyèrent, et refusèrent d'accepter les présents dont il était porteur.

Enfin, le 27 septembre 1851, j'arrivai à Saikowh pour essayer à mon tour un voyage au Thibet. Les uns m'encourageaient, d'autres me dissuadaient d'une pareille entreprise. Il y en eut qui me dirent franchement : « Mais vous avez donc perdu la tête! — Pas encore, leur répondis-je; je vais la porter aux Michemis. » En effet, je ne trouvais rien dans ces antécédents qui pût me donner quelque espoir. Six Européens, entourés de toutes les chances de réussite, pouvoir, argent, protection, guides, soldats et suite nombreuse, s'étaient vus obligés de rebrousser chemin. Deux natifs, placés dans les meilleures conditions de succès, avaient également échoué. Et moi, je n'avais rien, absolument rien; je n'avais que *Lorrain*, mon chien fidèle, qui semblât décidé à me suivre. Je voyais et comprenais les difficultés de mon entreprise; je ne me faisais aucune illusion de zèle ou d'imagination. Du reste, il n'y a rien comme la présence de la mort pour calmer les écarts de nos facultés. Mais enfin, il y avait un an et demi que je contemplais la neige du Thibet, il était temps de passer du spectacle à l'action. Ce n'était donc pas imprudence et irréflexion de ma part, c'était détermination libre. Bien des personnes me disaient : « Mais votre pape est un tyran, de vous forcer à de pareilles choses. » D'autres ajoutaient : « Vous devez recevoir une forte paye et attendre une bonne place, une grande pension du gouvernement. » J'avais l'honneur de leur répondre que j'étais aussi libre qu'eux ; que ni pape, ni évêque, ni supérieur ne m'obligeait de faire un pas; que si j'allais en avant, il ne m'en reviendrait pas un sou de plus; que je le faisais, parce qu'il est écrit : *Allez, enseignez toutes les nations; le serviteur n'est pas plus que le maître;* que donner sa vie pour annoncer la bonne nouvelle, c'était le droit chemin du ciel; que si on récompense ceux qui se jettent dans le feu, dans l'eau, à la bouche du canon pour sauver des vies mortelles, il y a aussi une récompense pour les missionnaires qui se dévouent au salut des âmes; que c'est pour cela que le prêtre n'est pas et ne peut pas être engagé dans les liens de famille. La nature fait un devoir strict à un père de conserver à tout prix ses jours pour ses enfants; un prêtre catholique peut se lancer dans le danger, il n'a rien à y perdre. Tous ne comprenaient pas, mais tous se montrèrent de vrais amis du voyageur. Le colonel F. Jinkins, au nom du gouvernement anglais, me donna une foule de présents pour m'aider à gagner la bienveillance des chefs sauvages. Le major Witch me fit cadeau d'un excellent sextant, qu'il acheta exprès pour me le donner; je l'acceptai, car je serai toujours heureux, chaque fois que je le pourrai, de me rendre utile à la science, à la géographie, à l'histoire. Cet officier me prêta aussi une boussole. Le capitaine de Reid et le capitaine E.-F. Smith m'offrirent tout ce qu'ils crurent devoir m'être agréable. Mais quand il s'agit de me procurer un guide et des porteurs, il n'y eut pas possibilité d'en trouver; on me répondait : « Gardez votre argent pour vous, nous garderons notre vie et notre liberté. Si nous allions avec vous, les Michemis nous tueraient ou nous feraient esclaves. »

CHAPITRE II.

Tchôking consent à conduire M. Krick. — Première halte au désert. — Un groupe de sauvages Michemis. — Torrents, forêts et montagnes de l'Himalaya. — Le pic Sincoutrou. — Pont suspendu sur un abîme. — Panique causée par une avalanche imaginaire. — Le cha, belle espèce bovine. — Complot des sauvages contre la vie du missionnaire.

Je mandai alors Tchôking. Voici notre conversation : « As-tu été au Thibet ? — Oui, Sabe[1]. — Penses-tu que je pourrais aussi y aller ? — Certainement. — Voudrais-tu m'accompagner ? — Oui, je suis plus qu'aucun autre à même de passer, car les Michemis sont mes amis ; je sais leur langue. — Bien : es-tu prêt ? — Non, Sabe ; il faudra prendre du riz pour tout le voyage, et la moisson commence seulement à

[1] Le mot *Sabe* signifie *Maître* ou *Monsieur ;* il est communément employé par les indigènes pour désigner les Anglais.

mûrir; je pense que dans dix jours je serai ici. » Dix jours, quinze jours s'écoulèrent, et Tchôking ne vint pas. Je le rencontrai par hasard dans le camp du major Wicth : « Eh bien ! es-tu toujours dans l'intention de m'accompagner? » lui dis-je; il me regarde, et me répond : « Oui; » mais ce oui voulait dire deux fois non. Il partit, et je ne le vis plus. J'en parlai à M. Witch qui me dit : « Je ne puis pas le contraindre, mais je lui écrirai et lui donnerai un présent pour l'engager à vous servir de guide; vous pouvez vous fier à sa probité, car son fils est à l'école à Dibron; il sera un otage pour la fidélité du père. »

La lettre et le présent produisirent leur effet. Tchôking vint me rejoindre à Tchoumpoura, où je l'attendais avec mes porteurs recrutés à grand'peine. Enfin, le 18 décembre 1851, à midi et demi, la caravane se mit en marche. J'étais en tête; Tchôking me suivait; puis tous les autres à la file; onze coulis (porte-faix), un petit gamin de treize ans et trois Michemis; en tout dix-sept voyageurs, sans compter mon Lorrain, qui courait à l'avant-garde.

Un mot sur mon costume : de gros souliersbottines, un pantalon en étoffe d'Assam, une blouse de coton à franges noires, fabriquée chez les sauvages Nagà, une gibecière sur le dos, fusil en bandoulière, chapeau à la tyrolienne qui me tombait sur les épaules et ne laissait voir que ma barbe; ma croix de missionnaire faisait sur le tout un singulier contraste : tel je me mirai dans l'eau. Peu importe, j'étais heureux et je priais Dieu de nous bénir.

Tchoumpoura est le dernier village d'Assam. Au delà, plus de chemin. Les Michemis sont les seules personnes qui passent ici pendant la bonne saison; mais durant les pluies, toute trace de sentier disparaît. Nous suivîmes à peu près l'ancienne direction, tantôt dans le lit du Brahmapoutre, tantôt dans la forêt, où il fallait se faire une trouée le sabre à la main. Quand nous étions fatigués, nous nous asseyions. A chaque repos, je prenais des notes.

Nous campâmes sur un banc de sable, près de l'embouchure du Djia-Douli, qui vient du nord. Pendant que mes gens me dressaient une petite hutte avec des branches, pour m'abriter contre la fraîcheur de la nuit, je m'égarai assez loin en remontant le cours du Brahmapoutre. Je m'arrêtai pour voir une biche qui se désaltérait, tandis que son jeune faon, n'osant entrer dans l'eau, allait cabrioler sur le sable. Le soleil s'incline, le crépuscule approche. Pas une âme. Silence le plus absolu, interrompu par le chant du coq sauvage et le murmure des flots roulant sur des cailloux. Il y a longtemps que je rêvais un voyage comme celui-ci. Je crois que les solitaires devaient être heureux. Rien ici pour réveiller cette fourmilière de passions qui sont au cœur de l'homme; rien pour la colère, rien pour l'orgueil, rien pour la jalousie. On admire, on pense, on se sent libre dans toute l'extension du mot. Il me semble que je suis aux premiers jours de la création. La solitude d'Adam et d'Ève fait mon charme. Je suis convaincu que si Voltaire eût passé sa vie dans cette vallée, il serait devenu un grand serviteur de Dieu. Ici on sent la main paternelle d'un être tout-puissant; elle se montre à la fois visible et mystérieuse sous le voile transparent de la nature.

20 *décembre*. — Je passe le Dôrô; j'ai de

l'eau jusqu'à la ceinture; deux hommes me soutiennent. Malgré leur assistance, j'ai bien de la peine à gagner l'autre rive, tant les cailloux qui pavent son lit sont glissants! quoique le courant soit très-fort et l'eau profonde, le torrent a la limpidité du cristal. Ce confluent fourmille de gros poissons.

Tchôking tire un coup de fusil; je lui demande pourquoi; il me répond : « Il y a des Michemis qui vivent dans ces bois; je leur annonce que je suis ici, c'est toujours mon signal. » En effet, en débouchant de la forêt, je vois sur la clairière comme un groupe de singes assis sur le sable. Deux mois auparavant, les Soulikatta (cheveux coupés) avaient attaqué leur village, mis le feu aux maisons après les avoir pillées, fait esclaves hommes et femmes, et tué ceux qui se défendaient. Quelques-uns échappèrent; ils végétaient sans hutte dans les bois. Nous arrivons près d'eux. Je remarque une femme de trente ans, à figure ronde et ramassée, au teint jaunâtre, aux cheveux noués sur le sommet de la tête : deu chevilles de bambou servent de peigne pou les retenir. Elle porte sur le haut du front un plaque de cuivre, dont les deux extrémités se terminent en pointe et reposent sur les oreilles comme une paire de lunettes; cette plaque est retenue par un ruban qui passe derrière la tête, et sur le bandeau sont fixés des coquillages blancs; aux oreilles elle a des anneaux en fil de laiton et deux bracelets de cuivre aux bras; son cou est chargé de colliers de petits grains blancs et noirs, faits avec le pepin d'une espèce de bananes. Un petit enfant repose sur son sein; à côté d'elle se tient debout une jeune fille de onze ans, et à quelques pas un bambin de six à sept ans joue avec mon chien. Deux hommes nous saluent, appuyés sur leur arc; ils ont à la ceinture un coutelas, et au côté gauche le carquois garni de flèches empoisonnées. Pendant que nous causons, tout ce monde fume; le petit garçon, la petite fille, aussi bien que la mère.

A midi, nous arrivâmes près d'un fort ruisseau appelé *Vithiou*. Tchôking me dit : « Nous allons suivre le lit de ce torrent; l'ancienne direction est à une journée plus haut; mais une montagne vient de s'écrouler, et l'on ne peut s'y frayer un passage. » Voici trois heures que nous sommes engagés dans ce coupe-gorge; arrêtons-nous, car je n'en puis plus et j'éprouve le besoin d'épancher nos peines. La tranchée n'est pas assez longue pour permettre à l'air de circuler, et elle est trop large pour être ombragée; en sorte qu'ayant sur la tête un soleil dont rien ne rafraîchit les rayons, et sous les pieds des cailloux brûlants, je suis entre deux feux. Ces malheureux cailloux ne font pas un chemin semé de roses; mes pieds meurtris et mes souliers écornés en rendent témoignage. A cinq heures, nous nous arrêtons à la base de la montagne; mais il y a là tant de quartiers de granit entassés, que je trouve à peine une place de cinq pieds pour m'étendre. Roche à la tête, roche aux pieds, tel est mon lit; de chaque côté un petit ruisseau; en étendant les bras, je les touche tous deux. Quoique le temps soit clair, je n'ai pas de vue, je suis trop près. On ne peut pas admirer la cathédrale de Strasbourg en se tenant sous son porche.

21. — Ce jour étant un dimanche, je fis mes dévotions avant le départ. Revêtu du surplis, de la soutane et d'une étole, à genoux

sur une roche, ayant pour autel un bloc de granit sur lequel j'avais placé mon crucifix, ma Bible et mon bréviaire, j'appelai à notre secours celui qui a dit : *Allez, enseignez toute nation.* Le premier village des Michemis est suspendu au flanc de la montagne, à notre droite. Avertis de notre arrivée, ils descendirent tous, et nous trouvèrent en prières ; ils se tinrent autour de moi, la pipe à la bouche, appuyés sur leurs lances et plongés dans un profond silence de curiosité. Quand j'eus fini, ils me présentèrent quelques fruits de leurs forêts ; je leur donnai en retour du sel et du tabac. Quel pauvre peuple ! leur corps est aussi misérable que leur âme ; à peine ont-ils quelques lambeaux de vêtements dont ils cherchent à envelopper leurs membres engourdis. Deux jeunes femmes se présentent pour remplacer deux de nos coulis qui restent au village ; elles demandent des colliers. L'une est déjà veuve à dix-sept ans ; toutes deux sont reines, parce qu'elles ont été achetées par des chefs ; ces femmes sont moins misérables que celle que j'ai rencontrée hier sur le rivage.

A midi, je veux prendre la hauteur du soleil; mais les arbres sont si hauts et si touffus, que je ne puis l'apercevoir. Qui n'a pas vu ce que je vois n'a rien vu. Les arbres sont énormes, pleins de fraîcheur et de jeunesse dans leur âge séculaire. Chaque tronc est chargé de plantes parasites et grimpantes, du genre du lierre et de la vigne; elles tombent de tout côté en guirlandes pour aller s'accrocher aux colosses voisins. J'ai certainement admiré les parcs de Saint-Cloud et de Versailles; mais que l'œuvre de l'homme paraît mesquine, pauvre, calculée, compassée, quand on voit l'œuvre de Dieu dans les Himalayas! c'est un lampion dans un verre de couleur comparé au soleil. Il n'y a ici aucun arbre que je connaisse; aucun de ceux que j'ai vus si souvent dans les forêts de la Lorraine. La montagne n'a pas de roche; c'est une bonne terre noire, formée du détritus de ces géants affaissés par la vieillesse, ou déracinés par l'orage, et qui pourrissent sans que la hache de l'homme y touche jamais. Le mica, se mêlant au sol noir, fait croire que c'est une montagne d'or et d'argent.

A trois heures, nous passons d'une montagne à une autre sur une chaussée d'un mètre à peine de largeur ; de chaque côté, précipices de plusieurs mille pieds. Arrivé sur l'autre cime, j'ai la vue la plus grandiose possible ; on dirait un panorama fait exprès pour récompenser le voyageur de sa peine. Je vois se dérouler devant moi toute la vallée d'Assam, jusqu'à Saikowh à ma droite ; sur ma gauche et à huit ou dix kilomètres se dessine la tranchée du Brahmapoutre. Au sud, l'immense plaine étale ses forêts, et le grand fleuve qui l'arrose serpente en mille bras à travers ce paysage. Du point que j'occupe, les arbres les plus élevés me paraissent comme des têtes de choux. Nous dominons, à plusieurs centaines de pieds, la couche des brouillards qui suivent à flots la profondeur des gorges, refoulés par un vent du sud.

... Voici que nous avons monté un jour et demi, et toujours à pic. Pas de chemin, nous le tracions. Quelquefois cependant nous apercevions une espèce de sentier ; je n'ai pas d'instrument pour mesurer notre hauteur, mais mon calcul me dit de neuf à dix mille pieds. Le capitaine Rowlott trouve huit mille pieds à cette montagne là-bas, que je domine de beaucoup. Quoique si élevé, je suis au milieu de la plus riche végétation. Ne croyez pas cependant que je sois en extase devant une vue si grandiose; sur les Himalayas je ne vois rien du tout; ces montagnes ne sont pas comme les autres; plus on monte, plus il reste à monter, et quand on s'est épuisé à gravir un pic qui paraissait tout dominer, on le trouve entouré d'autres sommets qui bornent tout horizon. Les Himalayas peuvent être comparés aux vagues de l'Océan; ils ne sont pas une chaîne, ils sont un monde de montagnes; pour bien en juger, il faudrait planer au-dessus dans un ballon. Ainsi, voilà un jour et demi que nous montons, et qu'ai-je devant moi? le pic *Sincoutrou*, colosse dont les pieds reposent sur la tête de deux autres géants.

En tournant la base du *Sincoutrou*, nous nous engageons dans une forêt de bambous épineux; leurs tiges penchées se croisent dans toutes les directions et rendent la marche très-pénible. Nous descendons, mais je vous assure que je n'ai jamais appris à descendre de cette façon; la rampe est à pic; mes pieds ne font pas seuls la besogne. Grâce à une pluie légère, les glissades sont plus nombreuses et plus longues; une fois tombé, je roule jusqu'à ce que j'aie la chance de m'accrocher à quelque chose. Par ce système de roulage accéléré, nous arrivons rapidement à une zone où le rotin est magnifique. Gros comme un bras et long de cent cinquante pieds, il couronne de sa belle tête la cime des arbres les plus hauts. Les sauvages mangent son fruit; j'en goûte à mon tour, il est très-acide. Enfin nous débouchons sur une colline cultivée à notre droite. Ici la terre cède sous le pied; plus d'arbres ni de broussailles pour se tenir; en sorte que nous descendons dix fois plus vite que nous ne désirerions.

23. — Je suis couché sur une natte sans pouvoir remuer un muscle, tant la marche d'hier m'a brisé! Après une halte d'un jour, nous descendons le lit du Tiding, qui coule au sud-est vers le Brahmapoutre. Le chemin est un vrai exercice de danseur de corde, tant il est rempli de quartiers de granit tombés du haut de la montagne! il faut sauter d'un bloc sur un autre, et souvent franchir des espaces très-larges et très-dangereux; si je venais à

manquer mon coup, à perdre l'équilibre, je serais brisé dans ma chute; chaque pas peut donc être mon dernier. Il pleut un peu; les roches étant mouillées sont plus glissantes; j'aurai du bonheur si j'arrive jusqu'au bout.

O misère! qu'est-ce que je vois? un fantôme suspendu dans les airs au-dessus de l'abîme, et passant d'une rive à l'autre. Les Michemis s'amusent de ma stupéfaction, et me disent que c'est un pont de rotin. C'est en effet une ou deux tiges de la grosseur d'une corde ordinaire, attachées aux arbres des deux bords par leurs extrémités; on s'y suspend et on passe. Je fais ici la promesse solennelle que jamais je n'essaierai. Si, comme on me l'assure, il n'y a pas d'autre voie, je retournerai en arrière. Il y aurait folie à risquer ce jeu; autant vaudrait prendre son parti et se précipiter de plein gré dans le gouffre, la tête la première. Tous mes coulis me regardent en disant : « Eh bien! Sabe, c'est une raison suffisante pour justifier notre retraite. » Mon gamin pleure et me baise les pieds en me demandant grâce. Par bonheur, on m'apprend que les eaux sont assez basses pour se risquer sur un petit pont de bambous qu'on a construit pour prendre du poisson. Je m'aventure donc sur ce fragile appui. Ce n'est pas un pont, ce sont quelques bâtons mobiles que le vent ou l'eau emporte; ils touchent souvent la vague, tant l'échafaudage baisse quand on est au milieu! Je fus assez heureux pour conserver mon aplomb; mais arrivé aux deux tiers du chemin, je me sentis fatigué et je tombai; la rive était tout près; je n'eus de l'eau que jusqu'à la ceinture.

Un peu plus loin deux hommes nous dirent que nous aurions à longer une montagne qui s'écroule depuis plusieurs jours. En effet, en arrivant je vois un pan de quatre ou cinq cents mètres qui s'est déjà abattu sur la vallée; le chemin et la rivière sont encombrés de débris; chacun s'arrête. Un nouvel éboulement peut s'effectuer pendant notre passage; n'importe, en avant! Tchôking ordonne le plus grand silence. Chacun dit à son voisin : « Vite, et surtout pas un mot. » Mais vers le milieu du défilé, l'une des femmes, que la peur et le silence étouffaient, jette un cri; tout le monde croit qu'elle a vu la montagne s'ébranler; on regarde du coin de l'œil; effectivement, les pierres arrivent ; c'est à qui criera le plus haut et courra le plus vite. Je n'en vis pas un seul qui se plaignît que sa hotte fût trop lourde ; nous allons comme le vent à travers ces décombres. Lorsque, dans un cauchemar, on s'éveille au moment où l'on va recevoir la mort, quelle joie, après s'être bien frotté les yeux, de s'apercevoir qu'on est tranquillement dans son lit et qu'on n'a eu qu'un rêve ! Je dois le dire, nous éprouvions tous ce soulagement quand nous nous vîmes hors de danger ; les uns riaient, les autres s'essuyaient le front ; nous avions tous des palpitations, et chacun tirait de longues haleines pour soulager ses poumons. Et pourtant il n'y avait point eu d'avalanche ; c'était la peur qui nous avait fait voir la montagne en mouvement.

La fatigue a démoralisé la caravane ; presque tous mes coulis m'ont abandonné, après avoir mis mes hottes au pillage. Je suis chez Kroussa, chef d'un village michemis. C'est ici qu'on va décider si j'avancerai ou non. Quatre ou cinq rois se sont réunis autour de mon feu ; ils me déclarent qu'il n'y pas possibilité d'aller plus loin. Sur mes réclamations, ils ajoutent :

« D'autres Sabes ont essayé avant toi, et n'ont pu réussir. Veux-tu en faire plus qu'eux? Ils avaient une foule de présents, et des plus riches, pour gagner les chefs, et tu n'as rien; ils avaient des soldats, et tu es seul; ils comptaient plus de cent serviteurs dévoués, et les tiens se sauvent. Du reste, les Mizous ne te laisseront pas passer, et nous ne pouvons t'accompagner dans leur tribu, qui est toujours en guerre avec nous. Et à supposer que tu puisses toucher au pays des Lamas, on ne t'y laissera pas entrer. Nous-mêmes nous n'y allons jamais; pas un de nous n'a vu ce Thibet que tu veux atteindre. » Je sentais la force de leurs raisons, mais j'étais déterminé à pousser en avant jusqu'à la dernière extrémité. Je leur répondis : « Tout ce que vous me dites ne peut changer ma résolution; je veux aller au Thibet, et j'y parviendrai. — Mais le chemin est horrible. — J'ai deux jambes et du courage. — Mais il y a famine. — J'ai du riz. — Personne ne t'accompagnera. — J'irai seul. — On te volera. — Ma hotte n'en sera que plus légère. — On te tuera. — J'ai de quoi me défendre, voici mon fusil. — On viendra en grand nombre. — Je suis pourvu; dans un canon j'ai une balle et dans l'autre j'ai une poignée de plombs; d'un seul coup je puis blesser tout un village. » Mes interlocuteurs font claquer leur langue en disant : Mack !... Évidemment, ces plombs les contrarient. « Mais toute la tribu tombera sur toi, et tu seras accablé sous le nombre. — Eh bien ! soit ; après qu'ils m'auront égorgé, que pourront-ils faire de plus? La mort n'est rien pour moi; nous autres Sabes, nous savons mourir sans sourciller. » Ils dardèrent sur moi un œil scrutateur; à mon tour je les regardai en face d'un air déterminé. Au fond, je n'étais pas si résolu.

Tchôking voulut me faire comprendre que c'était dans mon intérêt que ces rois me donnaient d'aussi sages conseils ; mais je lui imposai silence. « Toi aussi, lui dis-je, tu joins la lâcheté au mensonge ! Va-t'en, car tu m'es plutôt un obstacle qu'un aide. » Là-dessus je me couchai. Les chefs se levèrent en murmurant ces mots : « S'il veut aller, qu'il aille seul, et il sera tué. » Aller seul, ce n'était pas seulement folie, c'était impossibilité complète.

Je sentis mon cœur oppressé, je me mis à genoux pour me soumettre à la volonté de Dieu et trouver du soulagement. J'avais à peine terminé ma prière, que Tchôking vint me dire : « Les chefs demandent à vous parler. — Fais-les venir. » La foule se groupe de nouveau autour de mon feu qu'on rallume. On apporte du *mo* (liqueur fermentée). « Sabe, me dirent-ils, nous venons de tenir conseil puisque tu es un lama, et que tu veux rester pour toujours au Thibet, nous pouvons t'y conduire et nous espérons pouvoir te protéger. Seulement, tu nous confieras tous tes présents, car nous sommes mieux que toi à même d'en disposer à propros; tu n'auras à t'occuper ni des chefs ni des doulis; les cadeaux remis entre nos mains suffiront à tout. Pour nos peines, tu nous donneras une récompense à ton choix. — Quelle récompense voulez-vous ?» Khroussa dit : « Comme c'est moi qui t'ai accueilli et qui ai plaidé ta cause, tu me donneras une vache. Kanigssa, mon frère, qui sera ton guide et ton protecteur, recevra également une vache pour salaire. — Est-ce pour vous jouer de moi que vous me faites cette proposition? Voulez-vous encore me tromper? — Non, c'est sérieusement que nous parlons, et pour preuve de notre sincérité, les deux vaches resteront en gage chez le capitaine Smith jusqu'à ce que tu écrives du Thibet que nous les avons méritées. — Mais les autres chefs me laisseront-ils passer? Les Mizons ne nous tueront-ils pas? Comment pouvez-vous prendre l'engagement de me conduire au Thibet, puisque vous n'y avez jamais été? — Bah! nous y allons souvent; voici mon fils qui en revient, dit Kanigssa; nous montons au Thibet comme nous descendons à Assam; rien de plus facile : les Mizons ne disent jamais un mot; les Thibétains nous laissent aller où nous voulons. » Comment démêler la vérité entre ces assertions contradictoires? J'accepte néanmoins les conditions de mes guides, et nous marchons en avant.

Nous arrivâmes le 29 au village d'Hayalang. Là, je remarquai devant la maison où nous faisions halte une tombe dont on prenait grand soin. Il y avait un treillis tout autour, un toit dessus, des fleurs sur le tertre. Sous le toit reposait la dépouille mortelle avec une hotte, un chapeau, un broc, etc. Je ne pus me défendre d'une vive émotion à la vue de cette sépulture, qui me rappelait nos cimetières de France; mais chez nous on éloigne tant qu'on peut les restes de ceux qui devraient nous rester chers; ici, la tombe est au seuil de l'habitation : elle est peut-être tous les jours arrosée de larmes qui, pour être sauvages, n'en doivent pas être moins brûlantes.

Je vois ici le *cha*, espèce de vache sauvage que les Anglais appellent *mitan*. Solide, gros et membré comme le taureau, court, ramassé et de coleur noire comme le buffle, le cha est armé de cornes régulières, peu longues, mais massives à la base; c'est une fort jolie espèce bovine, qui serait préférable au bœuf pour la charrue. Les Michemis n'en font aucun usage pour la culture ni pour le laitage; ils le laissent à l'état sauvage errer et paître dans la forêt : seulement, dès qu'il est né, on lui donne du sel, et, par ce moyen, on l'apprivoise et on l'habitue à venir manger dans la main. Quand le maître appelle ses cha, ils accourent tous. Les riches seuls peuvent en avoir; c'est leur titre de noblesse; le nombre fait le degré de considération. Lorsqu'un chef recherche une femme, il est toujours sûr de l'obtenir pour un cha qu'il donne au père.

Nous voici en pleines montagnes de l'aspect le plus grandiose et le plus imposant; elles sont si hautes, qu'hier à midi je ne pouvais voir que la partie supérieure du disque du soleil, l'autre partie était éclipsée par la pointe d'un pic. Nous continuons à marcher, ayant sans cesse la mort en perspective. Enfin, nous débouchons sur la rive escarpée d'un torrent très-profond. Comme de cette hauteur j'avais une belle vue, je pris des notes et fis des observations avec ma boussole. Pendant ce temps, toute la bande était descendue sans que j'y fisse attention. Quand j'arrivai au bord du précipice, je me trouvai en face d'une roche nue et brusquement coupée en talus rapide. Je regardai à droite, à gauche, pour voir où mes gens avaient passé; je ne découvris aucune trace de chemin; ils me crièrent, en riant, qu'il fallait descendre sur le rocher même. Comme je n'avais pas remarqué quel moyen ils avaient pris, je ne sus comment faire, et je m'arrêtai pour réfléchir. Ils s'amusaient de mon embarras, mais personne n'eut la bonté de venir à mon secours. Je m'étendis alors de tout mon long sur le dos, j'ajustai mon coup dans la meilleure direction possible, et je partis comme le vaisseau qu'on lance à la mer, ou plutôt comme le mort qu'on fait glisser dans la fosse. En une seconde je fus en bas, au grand étonnement des sauvages, qui se regardaient en disant : « Comme il va ! » J'en fus quitte pour quelques égratignures et quelques contusions.

1er *janvier* 1852. — Un jeune homme au service du chef Limssa vient près de mon feu et me présente sa jambe ensanglantée. Hier, en faisant une chute, il s'était coupé une veine ; le sang avait coulé toute la nuit. Je bande la plaie, et je suis assez heureux pour arrêter l'hémorragie.

Vers les dix heures du soir, un de mes coulis s'approche et me dit tout bas : « Maître, il ne faut pas dormir cette nuit. — Pourquoi? — Parce que j'ai entendu dire à un groupe de sauvages qu'on devait venir te tuer. J'ai demandé des explications à mon ami, le vieil esclave Singfou, il m'a répondu : Il est question d'égorger ton maître cette nuit ; si l'on ne le fait pas ce soir, on le fera demain, car sa mort est résolue. Pour toi, on n'en veut pas à ta vie; il est décidé que tu seras esclave. Si j'ai un conseil d'ami à te donner, c'est de ne pas te défendre, sinon tu serais également massacré. Après tout, je suis esclave aussi, et tu vois qu'on peut se faire à la servitude. »

Mon coulis n'était pas d'humeur à perdre sa liberté. Il me dit : « Maître, il nous faut veiller, toi avec ton fusil, et moi avec mon sabre. » Puis il alla s'asseoir sous un arbre en soupirant ce monologue : « Qu'ai-je pensé de venir dans ce coup-gorge? Mes camarades n'ont pas été si fous. Maudites soient les roupies qui m'ont tenté! *Ki kaput!* quel sort! »

De mon côté, je me mis à réfléchir au parti que je devais prendre. Sans doute, me dis-je, je suis chez des loups affamés de ma vie et pressés de se partager le peu qu'ils ne m'ont pas encore dérobé. Mais s'ils ont résolu ma mort, je n'ai aucun moyen de m'y soustraire : que peuvent un sabre et un fusil dans ces broussailles contre toute un tribu? Si je me cache aujourd'hui, ils m'auront demain. Si je me défends, et que je tue un des agresseurs, les autres n'en deviendront que plus furieux. Et d'ailleurs, comment veiller jusqu'au jour avec la fatigue qui m'accable? Il n'est pas certain que le coup s'exécute cette nuit; il faudra recommencer à faire sentinelle demain soir; où en prendrai-je la force, si je ne repose pas? Je n'ai presque plus rien à manger; je suis épuisé par une journée de marche; à tout cela il n'y a qu'un adoucissement, le sommeil. Mourir pour mourir, je vais me coucher. Après tout, ne suis-je pas missionnaire? Dieu ne sait-il pas mon nom? Il est ici, il me voit, il connaît les motifs de mon voyage, s'il veut me protéger, il le peut, et cela me suffit. Là-dessus, je plaçai mon fusil près de moi, et quoique intimement convaincu que je serais assassiné deux ou trois heures après, je m'assoupis en disant : *In manus tuas, Domine, commendo spiritum meum* (Seigneur, je remets mon âme entre vos mains).

CHAPITRE III.

Le théâtre d'un double assassinat. — M. Krick entre deux sicaires. — Une cheminée naturelle dans une roche de granit. — Arrivée au Thibet. — Scène de curiosité populaire. — Gracieuse vallée de Sommeu. — Interrogatoire subi devant le gouverneur de la province. — Le missionnaire consent à se retirer à Kotta.

Je m'étais endormi sous la menace d'une mort inévitable et prochaine. Je m'éveillai au bruit confus de nombreuses voix. Mon premier mouvement fut de porter la main sur mon fusil pour me défendre; mais je ne vis personne. Il faisait grand jour. Un rapide coup d'œil jeté autour de moi m'ayant rassuré contre une attaque imminente, j'examinai mes vêtements pour voir s'ils n'étaient pas ensanglantés; je découvris ma poitrine pour y chercher de larges blessures; je me levai enfin pour constater mon état sanitaire, et, à mon grand étonnement, je me trouvai sain et sauf.

Ce que je ne puis comprendre, c'est que, dans l'intime conviction où j'étais qu'avant deux ou trois heures je serais assassiné, j'aie néanmoins reposé du sommeil le plus paisible et le plus profond. Pour mon pauvre kampthi, il avait veillé la nuit entière. Je ne lui dis pas que j'avais dormi, il en serait devenu fou.

A neuf heures, la caravane se remit en marche. Le chemin que nous suivions était horriblement scabreux : il faudrait des ailes pour voyager par ce pays de précipices. A cinq ou six kilomètres de Jingsha, nous débouchâmes sur un plateau qui couronne une roche élevée, nue, noire et tombant à pic jusque dans le Brahmapoutre. Les eaux du Pramô, venant du nord-ouest, ont leur confluent au pied de ce roc dont elles battent la base, et y forment un abîme écumant dont les tourbillons mugissent à une sombre profondeur. Le plateau, au contraire, est d'un aspect riant, planté de grands arbres qui ombragent un petit ruisseau; la fraîcheur et la verdure règnent dans ce bosquet. Arrivée près du ruisseau, la bande s'arrête : trois ou quatre femmes s'en détachent, vont sur une pelouse et m'appellent : « Ah! viens voir; c'est ici que les deux *Baba Sabe* ont été massacrés, et puis on les a jetés dans le gouffre, du haut de la roche[1]. » Une autre fille de douze à treize ans s'écrie : « Non, non, c'est ici; j'ai vu le sang. Toi aussi on te tuera. » Je ne pus me défendre d'un sentiment d'horreur; je crus voir, près de ces harpies, deux cadavres pâles, livides, déjà couverts de mouches; ces feuilles jaunâtres me semblaient tachées de sang. Il y a longtemps qu'on me menace de la mort; cette pensée s'est infiltrée goutte à goutte dans mon âme; mais ce lieu achève ma conviction, les faits sont un argument terrible, quand on les médite sur la scène où ils se sont accomplis, et surtout quand il est si facile de renouveler un drame où l'on est destiné au rôle de victime. Je suis à la disposition du premier venu; mes gens ne m'égorgeront pas, du moins je l'espère; mais loin de me défendre, ils seront bien aises de voir comment un *Sabe* meurt;

[1] Ces deux *Baba Sabe* étaient un voyageur indien et son domestique. Partis d'Assam en 1847, ils furent assassinés sur ce plateau, et leurs cadavres horriblement mutilés furent précipités dans la Brahmapoutre.

et de plus, n'ont-ils pas l'espoir de partager le butin?

Le 4 janvier, on m'annonça que nous étions près du hameau de Kotta, et que nous ne rencontrerions plus de village jusqu'au Thibet. Cette nouvelle fut un baume pour mon âme, je me crus hors de danger. Nous allions patir, lorsque Limssa, absent depuis trois jours, nous rejoignit avec deux étrangers[1]. Ces inconnus avaient un air riant, bien qu'ils fussent armés de pied en cap : lance, coutelas, carquois et casque en osier, rien ne manquait à leur costume de guerre. Ils vinrent droit à mon feu. A leur vue, il se fit un chuchotement dans la caravane; chacun s'éloignait de moi et allait s'asseoir à distance; évidemment on prenait place pour jouir de la scène sans être à la portée des coups. Le vieil esclave Singfou, à qui je venais de donner une tasse de thé, se leva aussi et me dit tout bas : « Ce jour est mauvais! mauvais! donne tout! donne tout! » Je remarquais ces préléminaires sans y rien comprendre. Si longtemps j'avais

[1] Limssa était le chef de l'escorte.

été sous les étreintes de l'assassinat dont je me croyais enfin délivré, que je buvais à longs traits l'espérance. Nos visiteurs me rappelèrent bientôt à la réalité. Le plus jeune se mit à faire un inventaire de mon bagage, tandis que son vieil acolyte me jetait des regards féroces. Je voulus parlementer; mais à peine avais-je commencé à leur dire que je n'avais plus de cadeaux, que l'esclave Singfou me cria : « Donne donc! donne vite! » Je refusai d'abord, car j'étais las de toutes ces rapines; cependant, par un excès de prudence, je cédai encore mon dernier drap de lit; c'était pour en finir. Le jeune sauvage me fit une grimace et ne le ramassa pas. Je m'adressai alors à son compagnon, et, jouant la pantomime, je lui fis comprendre que j'avais donné ce que j'avais de mieux; puis, en guise d'*ultimatum*, je fis résonner sous ma main la batterie de mon fusil. Au bruit agaçant de ce mécanisme invisible, il regardait et marquait une grande surprise; j'armai un chien sans qu'il s'en aperçût, et pressai la détente; le coup partit, et l'écho en promena le retentissement dans toute cette mer de pics glacés. Mon homme tressaillit à cette explosion inattendue; il n'avait jamais rien vu de pareil; ce qui l'intriguait surtout, c'était la puissance inflammable des capsules et le jeu des ressorts cachés. Pour se rendre compte de ce mystère, ou pour tout autre motif, il me pria instamment de lâcher le second coup. Je n'en fis rien, parce qu'on m'avait récemment volé ma poudre, et qu'il ne m'en restait plus que quelques charges. A mon tour, je lui demandai un service qu'il se hâta de me rendre; après quoi il me dit : *Kenan*, c'est-à-dire : *Bon voyage*. A ce mot, toute la caravane se leva pour partir; mais où prendre mes porteurs? Longtemps il fut impossible de les retrouver; ils s'étaient cachés dans la prévision d'un dénoûment fatal. Enfin ils nous rejoignirent, et bientôt nous fûmes tous rendus sur le haut de la montagne. Les deux guerriers avaient pris une autre direction, avec mon drap de lit, bien entendu.

Quand on les eut perdus de vue, Limssa me dit qu'ils étaient venus avec ordre exprès de me tuer et de porter à leur maître mes dépouilles. Pourquoi m'ont-ils épargné? Est-ce la peur du fusil, ou une main invisible qui les a retenus? Je l'ignore ; toujours est-il que je l'ai échappé belle. Pour me consoler, mes gens m'avertissent que les périls de la journée sont plus grands encore, et qu'ils ne croient pas que je voie la nuit. Je ne puis pas dire que je craigne la mort ; j'y suis préparé, et pourtant mon moral se fatigue, je le sens. Mon corps n'est pas plus à son aise ; je n'ai plus rien à manger ; une chute grave m'a fait à la jambe une profonde blessure... Mais confiance en Dieu !

Sur le soir, nous marchions paisiblement dans le lit du Brahmapoutre, moi toujours le dernier, à cause des nombreuses observations que je recueillais, lorsque toute la caravane s'arrêta, la lance au poing. J'arrivai à mon tour. Limssa me dit : « Chapeau bas ! regarde et admire. » En effet, la chose en valait la peine. Nous étions devant une curiosité dont je laisse à d'autres l'explication. C'était une roche de granit, dans laquelle était pratiquée la cheminée la plus régulière que j'aie jamais vue, une de ces cheminées antiques, à large manteau, où toute une famille avec les voisins peut se réunir pour deviser à l'aise. L'ouverture a sept ou huit pieds de diamètre. La gaîne pour la fumée est polie, ronde comme un puits, d'une seule pièce, et débouchant, à une hauteur de trente pieds, sur un plateau qui était autrefois le lit du Brahmapoutre. On remarque au sommet une crevasse où repose un nid d'oiseau. La rondeur et les proportions de cette cheminée sont parfaites, et cependant il est certain que le ciseau n'y a jamais touché. Peut-être est-ce l'eau qui aura creusé ce puits, alors que le fleuve coulait au-dessus de la roche. Mes gens pensent que c'est l'ouvrage et la demeure d'un *Deô* (génie).

Nous sommes, le 5, au confluent de l'Ispack et du Brahmapoutre. Ici la vallée s'élargit, le chemin s'améliore; les crêtes, jusque-là dépouillées de verdure, se couvrent de pins grands et vigoureux. Il me semble que je suis dans les montagnes des Vosges. Pour la première fois je retrouve le lierre; je revois aussi le corbeau, qui avait disparu depuis Assam. Nous entrons dans un petit vallon sillonné par un ruisseau, que je vois, sur ma gauche, descendre du sommet d'un pic colossal. Arrivé sur l'autre versant, je plane sur une large vallée formée par les alluvions du Brahmapoutre. Au loin se dessine un assemblage de points noirs; je demande ce que c'est ; on me dit : « Un village thibétain ! » Je fais deux pas de plus, et j'en découvre un autre à mes pieds : Thibet !... Thibet !... A vous, ô mon Dieu, les prémices de ma joie ! Je plantai, à la hâte, sur le mur d'un enclos, une croix fabriquée avec deux branches. Je me jetai à genoux et récitai le *Nunc dimittis*. Je l'avoue, maintenant, si j'étais mort au milieu des Michemis, mon dernier soupir exhalé eût été un regret amer, celui de n'avoir pas vu le Thibet. Savez-vous la chanson du conscrit breton qui revoit son clocher à jour? C'est un écho bien affaibli des sentiments qui agitaient mon âme. Vous me pardonnerez cette émotion, n'est-ce pas? J'ai tant souffert !

Après avoir fait une courte prière d'action de grâces et épanché en religieux soupirs toute la joie dont mon âme surabondait, je me hâtai de rejoindre la caravane. A peine avais-je fait deux cents pas, qu'au détour d'un bosquet, sur ma gauche, je me trouvai à l'entrée d'Oualoung, premier village thibétain. Mes compagnons de voyage étaient tranquillement assis sur un balcon, causant et fumant avec les indigènes, dans tout le laisser-aller d'une entente cordiale. A ma vue, hommes, femmes et enfants du pays accoururent pour me soumettre à leur étude. Ils se placèrent devant moi à une distance respectueuse : nous ne pouvions nous comprendre; mais nous échangions des regards qui valaient des paroles. Leur ébahissement disait assez qu'ils n'avaient jamais vu pareille curiosité. Pour moi, appuyé sur mon fusil, la bouche béante et les yeux ouverts, je suis sûr que j'avais l'air d'un enfant du hameau qui arrive pour la première fois dans une grande ville.

L'admiration des Oualoungiens fut plus vite épuisée que la mienne. Je les vis se retirer les uns après les autres, et bientôt un vide absolu se fit autour de moi. Ce fut alors qu'à mon premier enthousiasme succéda une vue claire, calme et réelle de ma nouvelle situation. Jamais je ne m'étais senti aussi seul. Sans doute les Michemis m'avaient injurié, menacé et volé; mais les Thibétains, en me laissant à moi-même, sans crainte ni espérance de leur part, me faisaient presque regretter les dangers de la route. Jusque-là j'avais eu en perspective une mort violente; maintenant j'entrevoyais une mort d'abandon et de faim. Mon cœur se serra, mais sans perdre courage. J'élevai les yeux vers le ciel, pour appeler une inspiration sur le parti que j'avais à prendre. Au même instant, quelques Michemis s'approchèrent de moi et me dirent : « Où veux-tu aller? — Dans un couvent, leur répondis-je. — Nous devons justement passer par un village qui possède une lamaserie; si tu veux nous donner un juste salaire, nous t'y conduirons. » J'acceptai leur offre, et je quittai Oualoung sans tambour ni trompette.

A partir de ce village, la scène change comme de la nuit au jour. Habitants, maisons, culture, paysage, tout prend un caractère gracieux. La vallée s'élargit sur les deux rives du Brahmapoutre; des champs bien tenus en occupent le fond; des forêts de pins épais et vigoureux couvrent les pentes latérales, et vont s'éclaircissant à mesure qu'elles approchent du sommet. Au pied des montagnes, dans les terrains d'alluvion et sur les bords des différents cours d'eau, sont des bosquets toujours verts, des massifs d'arbres aussi beaux que variés, tels que le bambou, l'oranger, le citronnier, le pêcher, le laurier même, et beaucoup d'autres que je ne connais pas. Il est rare, impossible même de rencontrer ailleurs des bois plus frais et plus riants.

Après deux jours de marche par ce pays accidenté, et sous l'influence d'une douce température qui me rappelait celle d'Europe au mois de mai, j'atteignis le bourg de Sommeu. Avertie dès la veille de ma prochaine arrivée, toute la population s'était réunie pour la réception d'un hôte aussi extraordinare. Le balcon et les alentours de la principale maison étaient encombrés de curieux. On me fit signe de monter sur une étroite galerie qui faisait face à la foule. Elle servait de loge à un gros chien du Thibet, qui se prit à hurler comme un furieux en voyant que je me disposais à lui disputer son gîte. Sa colère m'effrayait peu; mais comment escalader mon estrade? il n'y avait ni escalier, ni échelle. Je pris le poste d'assaut, et m'accrochant aux poutres, aux planches, à tout, je me hissai enfin sur mon étrange piédestal. Dès que j'y fus perché, la multitude s'ébranla pour me suivre. Figurez-vous un attroupement de tout sexe et de tout âge, courant, riant, frappant, et se disputant les meilleures places au milieu des culbutes et des éclats de rire. Les premiers s'élancèrent sur mon balcon, qui fut plein en une minute; d'autres envahirent les toits des maisons voisines, ou s'exhaussèrent, faute de mieux, sur les épaules d'autrui. Ceux qui étaient montés jusqu'à moi me serraient à m'étouffer; ils fouillaient mes poches, tâtaient mes yeux et ma barbe, m'ouvraient la bouche, inspectaient mes dents, comptaient les doigts de ma main, analysaient la couleur de ma peau, et concluaient en somme que j'étais un être exceptionnel, tenant assez de l'homme, un peu de l'animal, et constituant une nouveauté qu'on ne pouvait classer dans aucune espèce connue. Si je leur avais dit que j'étais un habitant de la lune, ils m'eussent cru sur parole.

Quant à la foule qui ne pouvait pas me toucher, elle m'interpellait de ses cris, de ses signes et de ses gestes. Une femme, debout sur un tas de pierres, m'adressa un petit discours pathétique, qui fut couvert d'applaudissements. Quoique je n'y pusse rien comprendre, je lus dans son doux sourire, dans son regard animé et bienveillant, que sa harangue était pacifique, et je l'en remerciai par un salut à la française. A son tour, un gros et grand gaillard, à large figure, aux cheveux noirs et tressés, muni d'une longue pipe chinoise et vêtu d'une ample capote en laine rouge, accourut et me présenta une gourde à manche, remplie d'une boisson tiède et blanchâtre. La faim m'avait tellement altéré, que l'eau la plus fraîche était sans effet sur ma soif dévorante. Je saisis donc la gourde, et la vidant d'un seul trait, j'en éprouvai aussitôt un grand soulagement.

Dans cette foule de curieux il fallait me chercher un protecteur. Je demandai aux Michemis de me mettre en rapport avec les religieux thibétains; ils me répondirent que tous les guelongs (moines) du couvent voisin étaient en ce moment à Sommeu, et ils me désignèrent comme tels ceux des assistants qui portaient une capote rouge. Je m'adressai alors à trois ou quatre personnages revêtus de ce costume, et qui s'étaient montrés mes plus intrépides inquisiteurs : « Êtes-vous religieux? leur dis-je. — Oui, nous sommes lamas. — Et moi aussi, je suis homme de prières. » A partir de ce moment, on ne m'appela plus que le Lama-Gourou (ce qui veut dire lama savant). Je cherchai à m'insinuer dans les bonnes grâces du plus âgé d'entre eux : il avait l'air d'un chef; ses habits plus fins, sa robe bordée de fourrures, son gros reliquaire en or suspendu à son cou, et plus encore quelques mots soufflés à mon oreille, me l'avaient désigné comme le supérieur du couvent. Invoquant donc son patronage, j'essayai de lui faire comprendre que je l'aimais et que je serais heureux de fixer près de lui mon séjour. Persuadé qu'il accédait à mes désirs, je descendis de mon estrade. Aussitôt des femmes accoururent, me priant de placer mon bréviaire et ma croix sur leur tête. Une bonne vieille entre autres baisa mon crucifix. Cet acte de dévotion, étranger aux usages thibétains, fit sourire quelques jeunes filles; mais l'excellente femme, loin de se déconcerter ou de rougir, leur adressa une sévère réprimande. Je l'approuvai, et les rieuses se retirèrent toutes confuses, tandis que la bonne mère s'en alla heureuse et fière.

Cependant, j'étais toujours en plein air, sans aliments pour ma faim, sans abri pour la nuit. Mon lama y pourvut. Il me fit signe de le suivre, et m'introduisit dans une petite chambre encombrée de sacs et de gens; puis, déployant une couverture de cheval, il me pria de m'y asseoir à ses côtés. Le thé nous fut servi dans une coupe en bois. Il était assaisonné de sel, de savon, de beurre fondu, vieux et rance, le tout préparé dans un chaudron sale et dégoûtant. N'importe, j'en bus trois tasses. Ce n'était guère ce qu'il fallait pour un homme à jeun. Mon hôte le comprit; il cassa un gâteau de riz froid, le mit sur la braise, et pendant qu'il grillait, il nous prépara une sauce au piment et au fromage. Ces préliminaires achevés, nous fîmes table commune, trempant tour à tour dans la sauce notre riz grillé et plein de cendre.

Partager la cuisine du chef d'un couvent [1],

[1] Je sus depuis que ce personnage s'appelait Noboudgi, et qu'au lieu d'être supérieur de lamas, il était receveur général de la province.

c'était une bonne fortune; mais la nuit approchait, mes hottes restaient dans la rue à la merci des passants; de mon côté, j'étais sans gîte et surtout sans argent. Pour me tirer de là, parlementer était difficile et peu sûr; je préférai avoir recours au fait accompli. Je sortis donc, et rentrant bientôt avec mes effets, j'allai m'installer sans façon dans le coin le plus reculé de l'appartement, au risque de me faire mettre à la porte. Mon lama parut un peu surpris du parti cavalier que je tirais de sa politesse; mais il se tut et me laissa faire.

Le lendemain matin, je sortis pour explorer les environs. Le village se compose d'une douzaine de maisons groupées sans symétrie sur un monticule, au milieu d'arbres toujours verts; on dirait une villa cachée dans un bosquet. Sur la gauche, et à une distance d'un kilomètre, coule le Brahmapoutre. La vallée qu'il arrose s'étend du nord au sud. De hautes montagnes parallèles l'encadrent des deux côtés; leurs flancs sont couverts de pins gigantesques, et la neige blanchit leurs sommets. Aussi loin que porte la vue, on n'aperçoit dans les bas-fonds que des champs cultivés. Des troupeaux de vaches, de bœufs, de chevaux, d'ânes, de mulets, pâturent çà et là en toute liberté. A cinq ou six kilomètres vers le nord, on découvre une vaste terrasse triangulaire; c'est la résidence de Yong, gouverneur de la province. Les indigènes appellent ce château Rima.

Je ne crois pas qu'un peintre puisse trouver pour sa palette un site plus frais et plus enchanteur. Il n'aurait ici qu'à copier la nature, et rien ne manquerait au charme de son paysage. Fleuve bordé par deux chaînes de montagnes s'élevant jusqu'aux nues; forêts dont la sombre verdure contraste avec la neige étincelante qui brille aux rayons d'un soleil sans nuages; villages entrevus dans des massifs gracieux; ruisseaux au bord desquels se groupent les montagnards qui viennent se laver et y puiser de l'eau; vaste plaine livrée à la culture, toute coupée de rizières et de champs de blé qu'une digue protége contre les torrents; enfin, dans le fond du tableau, la résidence du gouverneur, assise au confluent de deux vallons et adossée au pied d'un pic dont l'aiguille se dessine sur un ciel azuré : ce n'est là qu'une faible esquisse de la scène que j'avais sous les yeux.

Près de moi se trouvait une maisonnette isolée, je voulus faire connaissance avec ses habitants. A mon approche, le maître et la maîtresse du logis, l'oncle, la tante et tous les enfants accoururent et me prièrent d'entrer. Introduit avec bonté dans leur demeure, je dus encore partager leur frugal repas ; tout ce qu'ils avaient me fut offert avec une si cordiale bienveillance, que j'aurais voulu pour tout au monde pouvoir les en remercier dans leur langue. J'y suppléai de mon mieux par des signes ; je caressai le petit enfant qui reposait dans les bras de la mère : l'innocente créature ne comprit rien à la bénédiction du prêtre ; mais je vis le cœur de la mère bondir de joie. Pour me témoigner sa reconnaissance, elle m'apprit plusieurs mots thibétains ; elle les accentuait avec une inaltérable patience, et me les répétait toujours le sourire sur les lèvres, jusqu'à ce que j'en eusse saisi la véritable prononciation. A mon retour de la promenade, je trouvai le même empressement de curieux. Plusieurs jours s'étaient écoulés dans cette admiration populaire dont j'étais l'objet, lorsque le 17 janvier, au moment où je disais mon bréviaire assis sur un autel domestique, je vis tout à coup s'ouvrir la porte de ma chambre et j'entendis crier : « Vite ! vite ! place, Yong ! » J'eus à peine serré mes effets, que je vis entrer le gouverneur. Le peuple se prosternait sur son passage. Il était entouré d'un état-major de chefs, parmi lesquels je remarquai mon hôte Noboudgi et Auxère, premier ministre de son Excellence thibétaine. J'aurais voulu décliner la présence et surtout les questions de ce grand personnage ; mais son invitation, qui était un ordre, me força de subir une conférence redoutée. Je me présentai donc à sa barre sans cérémonie et tel que j'étais, avec des souliers qui avaient perdu leurs talons dans l'Himalaya, avec une blouse de sauvage aussi sale que trouée, et pour dernier raffinement de toilette, avec un bonnet de laine rouge à forme d'éteignoir.

Yong était sur son fauteuil, c'est-à-dire sur une auge renversée, dont un méchant tapis dissimulait l'usage habituel ; il avait à sa droite la selle de son cheval pour oreiller, et devant lui, sur un petit banc aux pieds boiteux, s'étalaient deux vases en bois, dont l'un contenait du riz et l'autre de la farine. « Lama-Gourou, me dit Noboudgi, avancez et saluez le gouverneur. — Je ne sais saluer qu'à la française.» Ils répondirent : «Soit, faites[1].» Je lui tirai alors trois saluts tels que n'en fit jamais courtisan. Yong inclina la tête et me remercia par un sourire, il avait l'air tout fier d'avoir été salué à la française. Autour de nous je vis des chefs qui cherchaient à m'imiter. «Lama-Gourou, me dit encore Noboudgi, venez vous asseoir près de moi. Voici le grand lama, le roi des rois, celui qui a un tonnerre dans sa puissance et un soleil dans ses pensées; sa langue est un glaive, sa parole un orage; il peut ordonner tout ce qu'il veut, il a le droit de couper le pied et la main, d'arracher les yeux, de condamner à mort sans que personne ait un mot à dire; c'est à cause de vous qu'il est ici.» J'inclinai la tête en disant: «Je suis enchanté de faire la connaissance d'un si grand homme.»

Yong prit alors la parole. «Quel est ton nom? — Nicolas-Michel Krick, missionnaire.» Ils voulurent tous répéter mon nom, mais ne réussirent qu'à l'écorcher. «De quel pays es-tu?

[1] Un esclave assanien traduisait les questions et les réponses.

— De la France. — Quel est le nom de ton village? — Lixheim en Lorraine, département de la Meurthe. — Que viens-tu faire? — Je viens m'occuper de religion. — Ton but est d'explorer le pays pour nous faire la guerre? — Non, je suis Français et non Anglais, je suis prêtre et non officier. — Ton pays est-il grand? — Oui, très-grand. — A-t-il un roi? — Oui, un grand roi. — Quel est son nom? — Louis-Napoléon. — Ah! répétèrent les chefs, Louissa Na-po-le-one. A-t-il beaucoup de soldats? — Quand j'ai quitté la France, il y en avait six cent mille sous les armes. — Pourquoi es-tu venu chez nous de préférence à d'autres nations? — Parce que j'ai appris que vous êtes un peuple religieux? — Qui te l'a dit? — Un autre Lama-Gourou de mon pays, qui a séjourné à Lassa, où il a été bien reçu par le régent. — Est-ce de ton propre mouvement ou par ordre de ton roi que tu as pris le chemin du Thibet? — Mon roi ne sait pas même que je suis au monde. — As-tu une femme, des enfants? — Je suis lama. » Les chefs se disent entre eux : C'est vrai, c'est vrai, les lamas ne se marient pas. « Tu resteras ici un an ou deux, puis tu retourneras à Assam? — Non, je resterai ici jusqu'à ma mort. — Alors tu es un mauvais sujet, tu as fui ton pays pour te soustraire à la justice : un bon sujet ne s'expatrie pas pour toujours. — Je ne suis pas un criminel; vous pouvez écrire à mon roi, et vous verrez, aux renseignements qu'il vous transmettra sur mon compte, que ma conduite est sans reproche. — As-tu de l'argent ou quelqu'autre moyen de subsistance? — Non, les Michemis m'ont dépouillé de tout. — Si tu n'as rien, qui voudra te loger et te nourrir? — Je compte sur l'hospitalité des Thibétains; mais si elle me fait défaut, je demanderai asile à un couvent de lamas ou de guelongs. » Il y eut ici une pause, pendant laquelle le tribunal prit du thé et se consulta. La sentence approchait.

« Lama-Gourou, me dit Yong, il faut retourner dans ton pays. — C'est impossible; pourquoi m'en irais-je? — Parce qu'on va se battre. — Que m'importe la guerre? — Comme étranger, tu en souffrirais plus que personne, et de mon côté, je ne puis te prendre sous ma protection. — Dans ce cas, je te décharge de toute responsabilité; je me protégerai moi-même. — Ce que je te dis est sérieux; il y aura un grand carnage; on te tuera. » A ces mots, tous les chefs se levèrent, tirèrent leurs grands sabres et se mirent à espadonner en tout sens, pointant, coupant, taillant des ennemis imaginaires, comme au plus fort de la mêlée. Ce simulacre de combat, qui devait, selon eux, porter la conviction dans mon esprit, n'amena que le sourire sur mes lèvres. On revint donc aux interrogatoires. Ils étaient suivis avec intérêt par la foule; la salle où nous siégions était tout encombrée de curieux, bien qu'à chaque instant les agents de police en expédiassent un bon nombre à coups de pieds et de bâton.

Après s'être un moment recueilli, Yong ajouta : « Voici le meilleur parti à prendre. Retourne à Kotta, premier village Michemi à la frontière; restes-y pendant les hostilités, et la guerre finie, tu rentreras au Thibet. Si tu suis mon conseil, je te fournirai des vivres, je te protégerai dans ta nouvelle résidence, et à la paix je ne ne mettrai plus d'obstacle à ton retour. — Raja, je te remercie de tes offres, mais je ne puis les accepter. Je suis au Thibet, j'y veux mourir; oui, je préfère la mort au départ. » Cette protestation fut la dernière. Je craignis que, poussé à bout par de plus longues résistances, le gouverneur ne m'intimât l'ordre de décamper au plus vite, et de m'en aller comme j'étais venu, avec défense de reparaître jamais dans le pays. Sa proposition, au contraire, ne m'imposait qu'un éloignement momentané, elle m'assurait protection et secours dans ma retraite provisoire, et laissait derrière moi la porte ouverte pour un prochain et libre retour. Je lui fis donc répéter ses promesses, et je déclarai qu'à ces conditions je consentais à me retirer à Kotta.

CHAPITRE IV.

Cérémonie religieuse exécutée par un guelong. — Le missionnaire livré aux humiliations et à la faim. — Son départ du Thibet. — Charme de la solitude. — Fureur du chef Jingsha. — M. Krick rachète sa vie en guérissant une plaie hideuse. — Il arrive chez Kroussa.

Après la conférence où mon départ avait été résolu, le gouverneur reprit le chemin de son château, en m'annonçant que jusqu'à nouvel ordre je pouvais rester en paix au village de Sommeu. Noboudgi l'accompagna, en sorte que je me trouvai occuper seul sa chambre, mais pas pour longtemps, car le soir même les religieux guelongs vinrent dresser un autel juste à l'endroit où était auparavant Yong.

La cérémonie religieuse commença le 18 au soir, et elle se prolongea jusqu'au milieu de la nuit du 19. Comme elle se passa dans ma chambre, je pus tout voir et tout examiner en détail. Le chef officiant voulut bien de plus m'expliquer ce que je ne comprenais point; je regrettai alors de ne pas savoir mieux la langue, pour lui demander la raison de tout ce qui se passait sous mes yeux, et connaître leurs dogmes. J'ai lu dans bien des auteurs que la religion des Thibétains est une fidèle copie de la religion catholique; vous pourrez bientôt juger de ce qu'il y a de vrai dans une pareille assertion, car je ne dirai rien que je n'aie vu de mes propres yeux, et c'est sur le lieu même que j'ai pris mes notes.

On commença par égorger un veau noir; deux guelongs encore novices mirent à part les entrailles, le cœur, le foie, et recueillirent le sang; puis ils hachèrent par morceaux une partie de la victime. Il se mirent ensuite à pétrir de la farine avec de l'eau, et, de cette pâte, fabriquèrent plusieurs centaines de statuettes d'hommes et de femmes : ici c'était le Thibétain avec son chapeau à la tyrolienne, le Chinois avec sa longue tresse de cheveux; là des dieux obèses, et des fidèles en adoration; plus loin des animaux de toute espèce, des figures grimaçantes comme celles dont sont chargées nos cathédrales du moyen âge. Quand la fabrication des dieux fut terminée, on les déposa sur des assiettes de cuivre, sur des planches, et même sur des morceaux de pots cassés : le tout arrangé symétriquement sur le plancher, au fond de la chambre. Alors un des guelongs les aspergea du sang de la victime, pendant que l'autre les ornait de petits morceaux de beurre. Sur la table qui tenait lieu d'autel, on voyait une assiette de riz, une autre de viande hachée, un lampion, un vase d'eau, un vase de tehô, un réchaud, une grosse sonnette, une paire de cymbales, un tambour plat, appelé en thibétain *gna*, et un tas de feuilles écrites, serrées entre deux planches, et au milieu de la table une grande statue.

A la nuit, quand tout fut prêt, un moine entra, il avait la rotondité d'un Chinois, et sur sa poitrine s'étalait un énorme goître. Il s'assit devant l'autel, alluma le lampion, fit fumer l'encens dans le réchaud, puis commença brusquement l'office en frappant de toutes ses forces sur le tambour et les cymbales, en s'accompagnant de la voix. Comme il n'y a point de temple à Sommeu, je croyais donc que tous les paroissiens viendraient assister avec piété et dévotion à cet office, mais je ne vis que des curieux ou des gens qui venaient se chauffer, fumer et causer pendant que le pauvre guelong s'égosillait à psalmodier ou plutôt à déclamer son office. Il savait tout par cœur; néanmoins il tournait les feuillets de son livre, quoiqu'il eût la vue trop faible pour pouvoir en lire un mot. Quand il était fatigué, il faisait une pause, buvait un broc de tehô, et prenait part active à la conversation. A dix heures il paraissait aussi dispos qu'au commencement; pour moi, j'avais la tête cassée du bruit de la batterie de cuisine, je lui aurais volontiers fait grâce du reste. Je crus, pour un moment, voir arriver la fin, car il se mit à lancer par la porte se statuettes, l'une après l'autre, mais il s'arrêta à la sixième. Cependant on venait de servir un souper copieux, qu'il partagea avec moi, ce qui me fit oublier ma mauvaise humeur et mon mal de tête. Je me couchai ensuite dans un coin, sur ma couverture, et je commençais à sommeiller quand il me dit: «Lama-Gourou, attache ton chien pour que, pendant la nuit, il ne mange pas ces statues; elles sont sacrées.» Pauvre Lorrain, quand il l'aurait fait, il avait jeûné si longtemps et tant de fois !

Le lendemain, avant trois heures du matin, il reprit en main cymbales, tambour, clochettes, et fit un bruit à éveiller tout le village. On lui apporta immédiatement un broc de tchô qui ne se désemplit plus de tout le jour : on fit bien, car le pauvre homme exerça tellement son gosier et ses poumons, qu'il aurait eu une extinction de voix avant midi sans ce bienfaisant breuvage, auquel il recourait après chaque période de sa déclamation.

Pour moi, je ne faisais faute, en fumant ma pipe au coin du feu, de suivre ses *andante*, ses *presto*, ses *piano*, ses *forte*. Quand il invoquait, c'était *andante;* quand il conjurait, exorcisait, maudissait, ses traits se tendaient, ses yeux s'enflammaient, son goître se gonflait à se rompre; il appuyait sur chaque syllabe, il s'accompagnait d'un coup sec, vigoureux sur son tambour; puis tout à coup sa voix faiblissait, il revenait au *piano;* il saisissait son broc de tchô et se permettait une causette de quelques moments. Il avait l'air de faire toutes ces grimaces avec foi et conviction; mais les assistants, curieux ou guelongs, riaient, causaient, fumaient comme si la prière du moine n'était qu'une annonce de sergent de ville. A chaque instant ils me demandaient : «Eh bien! Lama-Gourou, que penses-tu de notre religion, fait-on la même chose chez vous?» Cette comédie dura toute la journée, j'en étais assourdi; néanmoins il fallut la subir jusqu'au bout. Pendant ce temps deux jeunes guelongs n'avaient cessé de fabriquer un grand nombre de statuettes avec une pâte pétrie de beurre et de fine farine.

Sur le soir la bonne femme de la maison plaça devant sa porte un panier de fruits, une botte de foin, les ustensiles du ménage, tout, jusqu'au balai. Alors le moine officiant, accompagné d'un guelong portant une torche, sortit le livre à la main, bénit les fruits et revint à l'autel. La matrone déposa aussitôt à ses pieds des armes, des hachettes, des sabres, des flèches, des bâtons... Un énorme coup de son tambour se fit entendre, tout le peuple accourut, se saisit des armes bénites; machinalement je mis la main à mon fusil et l'armai, prêt à tout événement; mais dans un clin d'œil et moins, et guelongs, et guerriers, et statues, tout disparut dans les bois. On n'entendait plus rien, lorsque tout à coup ils poussèrent un hurlement à effrayer les éléphants, et rentrèrent au son du tambour, des cymbales et de la sonnette. Tout étant rentré dans le calme, il y eut grand souper; les pieds de veau furent jetés dans le feu et mangés à peine chauds; le reste de la viande fut cuit avec le riz des oblations : je refusai d'en manger, sous prétexte que je n'avais pas faim, J'acceptai cependant deux petites divinités, que je mis de côté après les avoir bien examinées. Tous les convives mangèrent celles qu'on leur donna, et Bedou, qui soupçonna mon intention impie et sacrilége, me dit d'un ton grave et solennel : « Lama-Gourou, garde-toi de donner à ton chien ces choses sacrées, il faut les manger, tu en recevras l'abondance des trésors célestes. » Je me contentai de sourire. Vers trois heures du matin, tout le monde dormait autour du pauvre voyageur, lui seul n'avait pas fermé l'œil. Je jetai un coup d'œil dans la chambre, j'appelai mon chien, et je me hâtai de lui donner les deux divinités thibétaines, redoutant moins leur vengeance que celle des guelongs.

A peine levé, le vieux guelong fut occupé à donner ses consultations. Hommes, femmes arrivaient en foule, l'interrogeaient sur toute espèce de maladies, et sur le nombre d'années qu'ils avaient encore à vivre : chaque consultant apportait une petite corbeille de riz qu'il déposait préalablement aux pieds du révérend Père, en lui expliquant le sujet qui l'amenait. Après une foule de questions adroites qui finissaient par le mettre au courant de la question, il ouvrait son livre, lisait quelques lignes, et chaque fois il était couvert d'applaudissements par les assistants qui étaient là, bouche béante, récitant chacune de ses paroles comme un oracle. Puis prenant son grand chapelet, il soufflait dessus, le posait sur son front, calculait un certain nombre de grains pris au hasard; et, feignant d'être en communication avec la divinité, il répétait trois fois la même opération, et rendait son oracle : il est irrévocable; c'est l'arrêt de mort ou de vie de la pauvre victime. A chaque réponse les assistants donnent un signe de joie ou de compassion. Cependant le sac de riz se remplissait, à la plus grande satisfaction du religieux. Chaque offrande le déridait, et quand la personne qui venait le consulter plaçait son petit panier de riz devant lui, il lui disait : « Oh ! la bonne enfant, tu me donnes trop, pourquoi m'apportes-tu ce riz ? — Excusez-moi, révérend guelong, je voudrais pouvoir vous apporter plus. — Oh ! que tu es bonne ! Eh bien ! comment ça va-t-il ? tu es toujours heureuse ? Que fait le bon papa ? Et la mère ? quelle digne femme ! Tes frères, ta sœur, ton mari, tes enfants, comment vont-ils ? Je vous aime bien tous, il y a si longtemps que je connais la famille !... » Tout en faisant cette causette sentimentale, il vidait le riz dans le sac, puis buvait son broc de tchô. C'était surtout avec les vieilles mamans qu'il avait de longues causettes ; il leur rappelait le bon vieux temps, jusqu'à leur faire essuyer une larme. Le rusé compère était souvent aussi presque obligé de comprimer ses soupirs : on aurait dit qu'il faisait des efforts pour ne pas laisser échapper la larme qu'il était supposé avoir à l'œil. Il avait un talent supérieur pour s'insinuer, gagner la confiance, et remplir son sac. Il arriva plusieurs fois que les personnes qu'il avait grondées de leur générosité revenaient avec un nouveau présent ; d'autres fouillaient tous les coins de leur maison pour trouver de quoi faire plaisir à un si bon père. Alors, le broc à la main, il se mettait à rire, mais d'un rire bon, affectueux, reconnaissant, qui gagnait le cœur, et il disait : « Ah ! je vois que tu es incorrigible, tu m'aimes trop. » Jamais je n'ai rencontré un bavard semblable, c'était une vieille femme pur sang. En partant, il serra affectueusement la main à toutes les mamans, donnant des avis, des conseils à droite et à gauche. Il me fit ensuite ses adieux : « Lama-Gourou, je t'aime, je te souhaite un succès complet, et je serai toujours heureux de te voir. Viens dans notre couvent ; je m'appelle Geshan, et notre maison est à Rouma. » Il monta ensuite à cheval, et partit emportant ses sacs de riz.

L'autorité me repoussait, mais le peuple était loin de partager à mon égard la défiance de ses chefs. Il ne se passait pas de jour sans que plusieurs Thibétains, hommes et femmes, ne vinssent me demander ma bénédiction : « Lama-Gourou, me disaient-ils en s'agenouillant ou se prosternant à mes pieds, placez votre saint livre sur ma tête et bénissez-moi [1]. » Bien entendu que j'invoquais sur eux les lumières de Celui qui éclaire tout homme venant en ce monde. Au nombre de ces bonnes gens, se présenta un visiteur qu'à sa piété et à ses paroles j'aurais pris volontiers pour un chrétien. Après s'être prosterné à mes pieds qu'il baisa, il me dit : « Saint Lama, j'ai appris ton arrivée au Thibet, et je suis accouru de bien loin pour te voir. Maintenant que ma vue affaiblie par l'âge a pu te contempler, je suis heureux. Bénis-moi. » Je lui demandai quel était son pays, et sur sa réponse qu'il était originaire du Yun-nan, j'eus l'idée qu'il était peut-être catholique. Alors je lui montrai ma croix, mais je reconnus qu'il en ignorait le sens religieux. Il resta deux jours auprès de moi, puis repartit avec ma plus large bénédiction.

Si mon cœur était consolé par ces témoignages d'intérêt, les conditions matérielles de mon existence n'en étaient pas moins dures. Le pauvre est pauvre partout. Je subissais le sort de la misère. Ma chambre était une salle

[1] Ce livre était mon bréviaire.

commune; ouverte à tout venant, elle servait de pied à terre et de bazar public. Chaque fois qu'un voyageur venait y passer la nuit, le maître de la maison ne se gênait pas pour me dire : « Lama, cède ta place, » et quand j'étais à peine casé dans un autre coin, survenait un nouveau passager qui me poussait ailleurs. Cette humiliation de chaque instant m'eût été assez indifférente si elle n'avait affecté que ma personne; mais j'en souffrais pour la dignité du caractère sacerdotal dont j'étais revêtu. D'autre part, la disette minait ma santé. Je ne sais rien de terrible comme une faim qui s'aiguise par la pensée que, le soir, le lendemain, les jours suivants, ce sera encore la même détresse, les mêmes privations. Comme les ventes et les achats se faisaient dans ma chambre, j'attendais avec impatience le moment où tout le monde serait sorti, et une fois seul, je ramassais un à un les grains de riz tombés et perdus : quand j'en avais recueilli une douzaine dans le creux de ma main, j'étais content; je glanais les moindres miettes comme si c'eût été des parcelles d'or. En général, les voyageurs prenaient pitié de ma misère et me faisaient une part de leurs aliments. Un jour, on me laissa jusqu'au soir sans m'apporter ma ration habituelle, restes dégoûtants des repas d'autrui, auxquels mon chien lui-même refusait de toucher. Je ne dis rien et je m'endormis à jeun. Le lendemain on voulut m'oublier encore; mais cette fois je réclamai, en rappelant à mon hôte qu'Yong l'avait chargé de pourvoir à tous mes besoins. Si modeste que fût mon observation, elle n'en provoqua pas moins cette écrasante réponse : « Ah! tu n'es pas content de ce que je te donne; eh bien! à partir de ce jour, tu n'auras rien du tout. » Heureusement que j'étais Missionnaire et que je souffrais sous l'œil de Dieu, qui saura, j'espère, me tenir compte de tous les sacrifices.

Cette vie de privations et de déboires devait bientôt avoir un terme. Le 2 février, un messager d'Yong m'apporta l'ordre de partir. Le gouverneur mettait à ma disposition des porteurs pour mes effets, des vivres pour la route, un sauf-conduit revêtu de onze cachets royaux pour me protéger chez les sauvages, et de plus la promesse qu'à la fin des hostilités je pourrais en toute assurance rentrer au Thibet. En cinq minutes tout fut près pour le départ. Quatre hommes se chargèrent de mes hottes, et je repris avec eux la direction des montagnes. Tout le village était sur pied pour me faire ses adieux. Les chefs me serraient la main en me souhaitant bon voyage et en me priant d'apporter à mon retour un remède contre le goître qui les défigure. Les hommes élevaient vers le ciel les deux pouces de leurs poings fermés, ce qui est le superlatif de leurs témoignages d'affection et d'estime. Du haut des balcons, les femmes m'adressaient des apostrophes bienveillantes et des vœux intarissables pour ma prospérité; en un mot, les gestes, les cris, les regrets et les bénédictions se croisaient sur ma tête à mesure que je traversais le hameau de Sommeu. Pauvre peuple! me disais-je, il a pour moi tant de simpathie, et pourtant je ne suis à ses yeux qu'un étranger. Que serait-ce s'il savait qui je suis, s'il savait tout ce que j'ai fait de vœux et tout ce que j'ai souffert pour arriver jusqu'à sa patrie, s'il savait tous les biens que je lui apportais, et qui vont s'éloigner avec moi, l'Évangile, le bonheur, le vrai Dieu, le ciel! Au lieu de me laisser partir, il courrait après le salut qui lui échappe, il me ramènerait en triomphe et s'écrierait dans le transport de sa joie : *Béni soit celui qui vient au nom du Seigneur !*

Nous fîmes halte à six kilomètres de Sommeu, dans une jolie plaine formée par le lit de la rivière qui coulait à dix pas de nous. C'est l'étape ordinaire de presque tous les voyageurs. Je souhaiterais d'avoir toujours un pareil logement. L'homme des bois n'est peut-être pas la plus à plaindre des créatures humaines. Il respire un air pur, il se désaltère au ruisseau, il repose ses pensées et ses désirs à l'ombre d'un pin séculaire, il se couche où il veut dans l'herbe haute des prairies, et dort en paix à l'enseigne de la belle étoile. Rien ne borne sa vue ni sa liberté. S'il a un ami, il peut lui dire comme Abraham à Loth son neveu : « La terre est grande, regarde autour de toi, et choisis; si tu prends à droite, je tirerai à gauche. » Il ne vit pas dans un milieu infect comme vos cités ; il ne boit pas l'eau saumâtre d'un filtre; il ne se nourrit pas d'aliments équivoques, préparés au laboratoire chimique qu'on appelle la *cuisine*. Un lait pur, de la viande saine, bien qu'elle soit souvent crue, des ignames cuits sous la cendre, un riz grossier mais bienfaisant, tel est le régime qui répond à ses besoins, sans l'exposer aux chances de s'empoisonner par de perfides ragoûts. Que le vent ou le froid l'incommode, la roche est là pour lui servir d'abri, le bois est sous sa main pour attiser son feu. Mais, hélas! pour que la solitude eût tous ses charmes, il faudrait qu'elle fût habitée par la vertu. J'avais déjà constaté que le vice en fait un coupe-gorge, et j'allais renouveler bientôt cette expérience, en me trouvant dès les premiers pas en face de voleurs et d'assassins.

Disons d'abord, pour abréger, que rien n'a été tenu de ce qu'Yong m'avait promis, que les porteurs chargés de mes hottes les ont presque toujours allégées par un larcin, que plusieurs de mes guides, après s'être fait payer d'avance, ont aussitôt disparu, que les chefs m'ont rançonné tant qu'il y a eu quelque chose à prendre dans ma bourse ou dans mes effets. Ceux-là ne songeaient qu'à me dépouiller; j'allais trouver un homme qui en voulait à ma vie. En approchant d'un village, je rencontrai un vieillard qui m'avertit du danger : « Prends garde, me dit-il ; tu entres dans une région où l'on t'attaquera ; il y aura du sang. » J'étais sur les terres de Jingsha, le chef qui m'avait député deux sicaires à mon premier passage, et je devais forcément m'arrêter chez lui. Mes guides s'enfuirent à la vue de ce lieu redouté. Il était nuit close, quand je frappai à sa porte. « Est-ce ici la demeure de Jingsha? demandai-je en entrant. — Oui, me répondit une femme qu'à son cou chargé de colliers je reconnus pour la maîtresse du logis. Jingsha est en compagnie, il boit du *tchô* [1] ; mais il va venir. » Puis elle m'apporta du riz. Pendant que je le faisais cuire, j'entendis derrière moi des gémissements. Je m'informai s'il y avait un malade dans la maison, et sans me répondre, les personnes assises auprès du feu se levèrent et me montrèrent, couché sur une natte, un homme qui avait un pied affreux. Quinze jours auparavant, un arbre qu'il abattait lui avait fait en tombant une blessure profonde. Pour la guérir on avait entassé remèdes sur remèdes, se figu-

[1] Boisson faite avec du riz fermenté.

rant qu'en cachant et en murant, pour ainsi dire, la plaie, on la ferait disparaître. Mais le mal avait fait son chemin, quoique en prison; les chairs s'en allaient déjà par lambeaux et répandaient une puanteur insupportable. En cet état le pauvre blessé était en proie à une fièvre qui ne lui laissait pas un instant de repos. Mon hôtesse me demanda si je ne pouvais rien pour sa guérison; je lui répondis que j'allais essayer. A ce moment Jingsha entra dans la salle.

Au lieu de me saluer, il se plaça en face de moi, l'air crispé et furieux, et me dit d'un ton criard, comme si j'avais été à un kilomètre de distance : « Ah! te voilà! je t'attendais! Tu m'as échappé la première fois; maintenant je te tiens, c'est à mon tour. De quel droit as-tu violé mon territoire malgré ma défense? Tu sauras ce qu'il en coûte à un Bengal de passer par mon royaume. Voyons, parle, qu'es-tu venu faire ici? Tu es entré sur mes terres, tu n'en sortiras pas, tu n'auras pas la satisfaction d'emporter dans ton pays le résultat de ton espionnage. Tu vas mourir. Je ne te couperai pas le cou dans ma maison, elle serait souillée par ton sang; mais je vais te faire traîner dans les jungles (broussailles), et là tu seras égorgé. »

Je répondis que le but de mon voyage était tout religieux, que si je me trouvais sur ses terres, c'était parce que ses terres étaient sur mon chemin, que j'avais, du reste, pour me protéger un sauf-conduit d'Yong, et je lui tendis mon passe-port. La vue de ce papier redoubla sa fureur. « Que m'importe Yong! s'écria-t-il. Il est roi chez lui; je suis maître chez moi. Prosterne-toi à ses pieds si tu veux; c'est bon pour un esclave. Ici, personne ne commande et ne protége que moi. Donne, donne cet écrit, que je le jette au feu. » Je le retirai à temps et le remis dans mon portefeuille. Il fallait en finir. Je dis à ce sauvage : « Je suis entre tes mains et sans défense; fais de moi ce que tu voudras. — Oui, tu auras la tête coupée. — Eh bien! coupe. » Et j'achevais mon riz; car pendant son discours j'avais continué tranquillement de manger. A ce moment son épouse lui dit quelques mots à l'oreille. Je crus que son cœur de femme frémissait à l'idée d'un meurtre, et qu'elle intercédait en ma faveur.

Jingsha paraissait l'écouter avec impatience. Quand elle eut fini, il se tourna vers moi, et sans baisser le ton, il me vociféra cette sentence : « Je te donne trois jours pour guérir ce pied. Entends bien, trois jours ! » Puis il disparut.

Durant toute la nuit, les cris et les plaintes du malade nous tinrent éveillés. Chacun de ses gémissements me rappelait que je n'avais plus que trois jours à vivre; car comment guérir en si peu de temps un pied mort et pourri? Le docteur Lenoir, avec sa science chirurgicale, son adresse et son admirable sang-froid, eût crié à l'impossible. Mais Jingsha, comme tous les sauvages, croyait qu'un Lama a pour tous les maux des remèdes souverains, et qu'il lui suffit de souffler sur une plaie pour qu'elle se cicatrise. Si donc la cure n'avait pas lieu dans le délai fixé, c'est qu'évidemment je ne l'aurais pas voulu, et dès lors je pouvais compter sur les raffinements de sa vengeance. Mais enfin, j'avais trois jours devant moi pour me préparer à la mort, et pour m'ouvrir les bras de la miséricorde divine : j'en profitai, sans toutefois négliger mon malade.

Vers les huit heures du matin, je m'approchai en tremblant de ce pied qui allait décider de mon sort; j'en détachai avec précaution l'épaisse couche de sang caillé qui l'enveloppait; je coupai toutes les chairs putréfiées; et je découvris une plaie hideuse, profonde, large comme la main, et qui faisait le tour du pied. Je lavai bien la blessure avec de l'eau fraîche, j'y versai de l'huile de térébenthine, je la couvris d'une application de cérat et de charpie, je bandai le tout et m'en allai prier Dieu : c'était ce que j'avais de mieux à faire[1].

A peine avais-je fini le pansement, que le malade s'endormit d'un profond sommeil qui dura au moins quatre heures. Dès qu'il s'éveilla, je lui tâtai le pouls : plus de fièvre, plus de soupirs, plus de cris. Le moment venu de débander le pied, je n'osais lever l'appareil, craignant de retrouver les choses dans le premier état. Quelle ne fut pas ma joie et ma surprise, quand je découvris la plus jolie plaie possible! Les chairs étaient roses, les lèvres

[1] M. Krick, avant son départ pour les missions, s'était exercé aux pansements sous la direction du docteur Lenoir, chirurgien en chef de l'hôpital Necker.

vivifiées, l'enflure réduite. Jingsha, qui n'avait pas reparu depuis le menaçant bonsoir de la veille, assistait à ce pansement ; pour la première fois je le vis sourire ; il courut me chercher deux œufs qu'il m'offrit pour salaire, et me frappant sur l'épaule en signe de satisfaction, il me dit : *Tchiou géohik (tu es un brave homme)*. Le lendemain même progrès ; la guérison avançait à vue d'œil ; la vie me revenait avec la santé du malade. Celui-ci, le croirait-on ! ne reconnut mes soins qu'en me volant. Je le surpris à me dérober deux pièces de monnaie, qu'il cacha sous la natte où je venais de le panser. Quant à Jingsha, j'étais devenu son ami.

La veille de mon départ, six Thibétains arrivèrent pour passer la nuit. Jingsha fit du tchô et invita les amis. Après le repas, quand tous les convives formèrent autour de mon feu un cercle joyeux, un vieux chef vint s'asseoir entre mes jambes. Alors, introduisant gravement son doigt dans sa bouche, puis dans mes oreilles, et le portant à ma bouche et ensuite à ses oreilles, il semblait me dire : « Sabe, tes oreilles ne saisissent pas les paroles qui sortent de ma bouche, et ta bouche n'en profère pas que je comprenne. » Et là-dessus il m'adressa un discours pendant plus d'une demi-heure. Je n'entendais presque rien ; cependant je jouais la pantomime, et m'écriais de temps en temps : « Ho ! ho ! ha ! ha ! » comme si j'avais tout compris. Le fond de tout ce fatras était : « Tu es un brave homme... ne crains rien... on ne te tuera pas... je suis ton ami. » Et alors il se mit à me caresser et me donnait des poignées de tabac : ce dernier argument me touchait plus que tout son discours.

Quand les invités furent partis, Jingsha eut avec sa femme une discussion assez vive, probablement à mon sujet, car je l'entendais dire : « Je lui ai donné ma parole, il aura deux hommes gratis.... Tu as un présent de lui, que réclames-tu ? »

Voici l'histoire de ce présent. Jingsha sentait que je lui rendais un signalé service par la guérison du malade, aussi n'osait-il exiger ouvertement un présent. Ce vieux renard vint donc un jour faire le flatteur ; puis, tout en causant, il demanda à voir mes hottes, c'est-à-dire le contenu. Ayant bien constaté ma pauvreté, il vit un pantalon d'éricapor d'Assam et me demanda la permission de l'essayer; mais alors il se trouva si beau avec un pantalon, qu'il me pria de le lui laisser. Un quart d'heure après, sa femme en avait pris possession, et vint le couper devant moi pour en faire une jupe ou je ne sais quoi. — Sa fille aînée se fit avec les boutons de cuivre un collier qui la rendit fière comme si elle eût porté des diamants.

Il paraît donc que madame Jingsha n'avait pas assez de mon pantalon, et qu'elle décida son mari à faire malgré lui une tentative pour me dépouiller encore. Le lendemain matin, pendant que je faisais le dernier pansement, Jingsha vint à moi, et d'un ton timide prononça le mot *la* (payement pour les deux guides). Mais le pied découvert, dont la large plaie était à moitié cicatrisée, l'hésitation de Jingsha, et surtout la présence de six Thibétains, me rendirent bien autrement hardi que le soir de mon arrivée. « Comment, m'écriai-je avec indignation, qu'entends-je? Est-ce bien le grand Jingsha qui s'abaisse à mendier ainsi? Regarde cet homme mourant que j'ai rendu à la vie.... regarde ce pied. — Penses-tu que mes instruments et mes remèdes ne m'ont rien coûté? Et ma science! ma science! Allons, Thibétains, hommes à l'œil juste, au cœur droit, dites-moi, quelle reconnaissance ne m'eût-on pas témoignée au Thibet si j'avais rendu ce service?» Mais je n'avais pas terminé que déjà Jingsha s'était esquivé honteux et confus. Il sentait son tort, car il m'avait donné sa parole et se rétractait à regret. Il courut en se mordant les doigts raconter à sa femme le mauvais succès de sa démarche. Celle-ci le traita de lâche, et vint les poings sur les côtés se placer devant moi, me fixant et me parlant en reine du pays. Mais la regardant avec mépris : «Qui es-tu? lui dis-je, je ne te connais pas, le chef seul peut commander ici; retourne chez toi.» — Cinq minutes après j'étais en route, le 16 février 1852, à midi. — Trois hommes d'une humeur maussade m'accompagnaient. Vers quatre heures du soir, une pluie battante nous surprit, nous étions égarés. On continua de s'éloigner de la rivière et de tirer à gauche; je pensais qu'ils me conduisaient à l'écart pour me tuer. La nuit était sombre, et la pluie tombait par torrents; nous gagnâmes une roche pour nous abriter et faire du feu, car j'étais tout mouillé, transi de froid, harassé de fatigue et mourant de faim. Je demandai de l'eau pour faire cuire du riz, mes guides pour toute réponse se mirent à rire. Je cherchai en vain, la pluie venait de cesser; j'essayai de mâcher mon riz, à la seconde poignée la mâchoire refusa le service, cela ne fit qu'augmenter ma soif, et pour l'étancher un peu, je ne pus que sucer l'herbe humide et recueillir les quelques gouttes qui tombaient des feuilles de bambou. Je coupai quelques branches que je plaçai à terre pour recevoir l'eau qui pourrait tomber encore. Je réussis à merveille, car vers deux heures du matin une pluie abondante remplit mes bambous, je fis cuisine et bus à longs traits. Bien que la pluie fût encore très-forte, nous nous mîmes en route, parce que la roche ne nous abritait plus.

Vers neuf heures, nous arrivâmes à la maison d'un chef nommé N'roussa; retenez bien ce nom, il en vaut la peine. Je fus reçu par un petit homme noir, au regard de travers, aux lèvres pincées, en un mot d'une physionomie suspecte. Il me fit le salut militaire et me dit : «Salam, Sabe. — Tiens, lui répliquai-je, tu connais la discipline des sipaïs (soldats). — Oui, Sabe, car je suis un sipaïs. — Toi, un sipaïs! comment donc es-tu esclave? — Sabe, ce n'est pas la question; parlons d'autre chose. Mon maître, avant de te recevoir, m'envoie te demander quel présent tu lui feras. — Je suis dépouillé, que puis-je donner? — En ce cas tu n'auras rien et seras traité en ennemi. » Là-dessus il fit claquer sa langue, et dit en murmurant : « Et mes peines! et mes espérances! et mon bocès (présent); depuis trois jours nous t'attendons. — Mais, demandai-je, quel présent veut donc ton maître? — De l'argent. — Eh bien! il aura le peu qui me reste. » Il partit, et revenant presque aussitôt : « Ton argent, me dit-il, est-il monnayé? — Oui. — En ce cas, mon maître n'en veut pas, il en exige du brute. — Je lui en donnerai. » J'avais en effet quelques petits morceaux d'une pièce chinoise. Mais le vilain petit homme revint encore et me dit : « Le chef sait que tu as donné des vêtements, il veut avoir des étoffes. — Soit! il en aura. » Alors N'roussa sortit de sa tanière avec ses femmes pour voir le *capor bénat* (drap pour envelopper le corps). Deux jours avant, voyant qu'il ne me restait qu'une couverture, je l'avais coupée en deux pendant la nuit. J'en offris donc une moitié et en vantai la valeur comme le plus habile marchand. Mais N'roussa aussi joua bien son rôle, et pour avoir autre chose il fit le dédaigneux. « Insensé, lui dis-je alors avec le ton de l'indignation, tu fais bien voir que tu es un sauvage. Je te fais un présent de choix, qui au Thibet eût été estimé comme l'or, et tu le méprises!... Oh! ne fais pas le difficile, tu ne l'auras pas. » Alors il voulut le revoir, mais finit par le rejeter.

Cependant mes guides étaient retournés chez leur maître; que faire? Je pris mon parti et me mis à réciter mon bréviaire. Quand j'eus fini, l'esclave revint et me dit : « Sabe, quelle est ton intention? — Mon intention est de donner le capor bénat à ton maître, et je ne demande que des guides. — Non, Sabe, le grand N'roussa veut de plus ton vêtement noir. — Quel vêtement? — Oui, oui, tes guides l'ont vu en te conduisant ici. » En effet, avant d'arriver, j'avais mis ma soutane de mérinos, mais je l'avais ensuite relevée sous ma blouse, on ne pouvait la voir. Je montrai mes hottes;

N'roussa, ne trouvant rien, commença de nouveau à grincer les dents, et j'en avais assez. Je levai donc ma blouse, et lui dis : « Tiens, je n'ai que ceci. — Précisément, précisément, s'écria-t-il avec joie, voilà ce que je veux. — Et moi, que mettrai-je? Oh! tu es riche, tu en as chez toi; au reste, je ne veux pas la prendre, montre-la-moi seulement, ôte-la. » Il fallut bien obéir à ce sauvage; à peine eut-il ma soutane qu'il courut en faire présent à ses femmes. Il revint, et me dit : « Donne aussi le capor bénat et nous serons amis, et tu auras deux guides pour aller chez Tême. » Je le lui donnai, car sa demande était un ordre. Le soir, par reconnaissance, il voulut me faire un festin; il m'apporta une grosse écuelle de riz cuit, ornée des dépouilles d'une poule, et, dans une autre écuelle, il me servit un bouillon de poule. Quand j'eus pris quelque peu de riz, il me dit : « Bois donc, bois. » Je pris la coupe et en avalai une bonne gorgée. Oh! misère! oh! infection! je crus rendre l'âme. Cette coupe renfermait comme nectar des entrailles de poule non nettoyées et jetées dans de l'eau tiède, sans beurre ni sel.

On raconte qu'un personnage très-distingué de Toul ès Nancy était grand amateur d'andouilles qui sentaient leur fruit; je vous assure que celles-ci sentaient joliment leur fruit. Il ne faut pas disputer des goûts!... Chez les Michemis, les entrailles sont le morceau friand; aussi je me gardai bien de faire la grimace, c'eût été faire injure au bon goût michemis. Cependant N'roussa me vantait en vain cette boisson, je portais par politesse l'écuelle à ma bouche, ayant grand soin de tenir mes lèvres hermétiquement fermées. J'eusse facilement pu manger tout le riz et la viande, mais le chef me dit: « Gardes-en pour demain, car tu n'auras plus rien. » J'en mis donc en réserve.

Le soir l'esclave me vint faire la cour et me conta son histoire : « Je suis Assamien, j'étais sipaï à l'attaque de Saddya, où fut tué le colonel Wheit. J'ai fait tomber plus d'une tête, et j'ai entendu siffler bien des balles. Un jour que j'étais à la chasse, des Singfous me surprirent et me vendirent à N'roussa pour de l'opium. Les premiers jours je ne voulus accepter aucune nourriture, et me mis à pleurer, la tête entre les deux genoux. Ma femme et mes enfants n'ont jamais eu de mes nouvelles; mais à cela près... si au moins j'avais à manger!... » Quand il eut fini, je pris quelque repos. Lorsque je m'éveillai, riz, viande, bouillon, écuelle, tout avait disparu. Je demandai à l'esclave : « Où est mon riz? — C'est moi, Sabe, qui l'ai mangé pendant la nuit. » En ce pays, le vol est le métier du maître et de l'esclave.

J'aurais voulu me mettre en route, mais la pluie ne cessait pas. N'roussa vint me faire visite, il apportait ma pauvre soutane, et, me montrant les poches, me demanda ce que c'était. Puis il me pria de faire le tailleur, de les couper et de coudre l'ouverture avec du fil noir. Je noircis du fil avec de l'encre, et me prêtai de mon mieux à cette nouvelle insolence du sauvage.

Dans l'après-midi, l'esclave vint et me dit : « S'il fait beau, partiras-tu demain? — Oui. — Mais il te faut des guides, que donneras-tu? — Rien, j'ai payé ton maître. — Oh! oh! le grand chef n'entend pas cela, le premier présent est pour la colère qu'il a eue, il en exige un autre pour les guides. » On en voulait à mon argent,

N'roussa arrive, appuie son esclave; je lui dis qu'il a donné sa parole, qu'il ne peut se parjurer; peine inutile... il crie, mais je tiens ferme, je montre mes hottes et il ne trouve que des livres. Mais N'roussa avait vu món riz... « Eh bien! dit-il, tu auras des hommes, mais tu leur donneras du riz. — Comment veux-tu que je donne mon riz, j'ai encore du chemin, et où irai-je sans riz? Non, je ne donne plus rien. — En ce cas, tu resteras mon prisonnier. — Soit! j'aime mieux être captif que de mourir de faim dans les jungles. — Mais je te retiendrai deux ans et plus. — Oh! six ans si tu veux, cela ne me fait pas peur. » Cette disposition le dérouta. « Eh bien! me dit-il, demain tu auras deux hommes, et tu partiras au chant du coq. » Là-dessus il m'apporta du tchô (ou mô, boisson faite avec du riz). Il devait avoir été pris dans le caveau de réserve ou derrière les fagots, car il valait un vin doux fort agréable. Pendant que je le dégustais, N'roussa me fit, en fumant sa pipe, un discours d'adieu : « Sabe, me dit-il, tu as passé le premier à travers nos montagnes, nul n'a pu le faire avant toi. Tu as tout vu, maintenant tu vas revenir avec des soldats pour prendre le pays? » Je partis d'un éclat de rire : « Que veux-tu que je prenne? Le sol? il n'en vaut pas la peine... Vos richesses? Mais, avec cent roupies, je vous achèterais tous avec vos femmes et vos enfants. Oui, je reviendrai, mais seul comme cette fois, et non plus en voyageur qui cherche le chemin, mais en missionnaire, pour aller au Thibet et y rester. Tu le verras du reste. — Oh! Sabe, si tu reviens, tu passeras chez moi, tu m'apporteras des présents, de l'argent, des étoffes, du drap bleu. » La soirée fut assez calme, je tâchai de réparer mes forces par un peu de repos. Le lendemain matin on se mit en route, j'avais mes deux guides, et j'étais encore une fois rendu à la liberté.

CHAPITRE V.

Cours désordonné du Brahmapoutre. — Pont suspendu jeté sur ce fleuve. — L'amour des points de vue expié par une chute. — Arrivée chez Krounssa. — La province d'Assam. — Vue du point culminant de ses montagnes. — M. Krick arrive enfin à Saïkwa.

J'ai si souvent nommé le Brahmapoutre [1], dont le cours m'a constamment guidé dans ma traversée de l'Himalaya, qu'il est juste de lui consacrer une courte notice. On sait qu'il tient le second rang parmi les fleuves sacrés de l'Inde, le Gange étant le premier. Comme je n'ai pas eu le temps de vérifier les pièces de sa canonisation, je m'abstiens de prononcer sur la sainteté du fils de Brahma ; mais ce que je puis affirmer, parce que je l'ai vu, c'est

[1] *Brahmapoutre* veut dire *Fils de Brahma*. Les Indiens supposent que ce dieu fit jaillir le fleuve, et qu'un coup de sa hache lui ouvrit un passage à travers les rochers,

la puissance de ses eaux, l'irrésistible élan de sa course, la sauvage beauté de ses rives et sa voix tonnante qui ébranle la solitude. Il sort d'une montagne située au nord-est de la province d'Assam ; la tranchée qui le reçoit à sa naissance ressemble à un étroit canal taillé entre deux roches à pic. Profondément encaissé dans ces murs de granit, il lave et blanchit de son écume les obstacles qui l'emprisonnent. Sa largeur, depuis le Brahmakoundo[1] jusqu'au Thibet, est de cent cinquante à deux cents mètres. Le lit du fleuve, trop étroit pour son volume, la pente du sol tout encombrée de rochers, donnent à son cours une rapidité si impétueuse, que je n'ai pas vu un seul endroit où le plus vigoureux éléphant pourrait tenir pied ferme une seule seconde. Il ne coule pas, il bondit avec fureur ; il ne murmure pas, il mugit à se faire entendre à distance comme un tonnerre lointain. Sa surface, depuis Sommeu jusqu'aux plaines d'Assam, n'est qu'une nappe d'écume blanche ; c'est à peine si j'ai pu voir la couleur de son eau dans les mo-

[1] *Brahmakoundo* signifie *Réservoir de Brahma.*

ments où elle se calme; alors elle était du plus joli bleu de ciel, et semblait se reposer et dormir à l'ombre des grands arbres dont elle reflétait la verdure. Le Brahmapoutre reçoit un grand nombre de rivières assez considérables, et, ce qui prouve la puissance de son cours, il ne paraît pas plus fort après un confluent qu'il ne l'était au-dessus. Aucun bateau ne saurait passer d'un bord à l'autre : les ponts suspendus sont l'unique voie de communication entre les deux rives de ce torrent désordonné.

Cette manière de traverser les rivières et les abîmes suffit à elle seule pour juger le peuple qui en est l'inventeur. Rien de plus périlleux ni de plus sauvage. Supposez trois ou quatre rotins de l'épaisseur de neuf à dix centimètres, et assez longs pour atteindre les deux bords[1]. On attache leurs extrémités à une roche ou à un arbre; on enfile à cette chaîne un anneau mobile également en rotin : celui qui veut passer introduit son corps dans l'anneau, et, s'il le juge nécessaire, fixe aussi sa tête avec

[1] Les tiges de rotin ont en général deux ou trois cents pieds de longueur.

un petit lien retenu au cercle, puis se lance sans façon au-dessus du gouffre, la face tournée vers le ciel. Quoique le pont soit tendu le plus possible, le poids du corps lui fait néanmoins décrire une courbe, en sorte qu'on glisse rapidement jusqu'au milieu, tandis que l'autre moitié du trajet s'accomplit en se hissant des pieds et des mains. Le point qu'on choisit pour ces courses aériennes est toujours celui où le fleuve est étroitement encaissé : c'est le plus favorable, mais c'est aussi le plus dangereux. Au-dessous du voyageur qui se balance dans l'espace, suspendu sur l'abîme à une hauteur de deux cents pieds, le gouffre est plus pro-profond, l'eau mugit, écume et tournoie : le seul aspect de ces lieux terrifie. La première fois que je m'aventurai à ce genre de transit, j'avoue qu'en me plaçant dans l'anneau de rotin, j'étais comme un homme à qui on passe la corde au cou; mais quand je fus arrivé sain et sauf à l'autre rive, sans avoir même senti la possibilité d'une chute, je me reprochai ma défiance des ponts à la Michemis, et désormais je voterai pour qu'on les recommande à la Société du Progrès.

Le 20 février, j'arrivai chez Tême, grand chef des Michemis : là, je fus reçu comme en famille, et j'y passai quelques jours. Malheureusement l'espace manquait pour chercher des distractions au dehors ; car la maison est adossée au flanc d'une montagne escarpée, en sorte qu'il faut toujours monter ou descendre dès qu'on veut sortir. J'essayai néanmoins de faire quelques promenades, mais je payai bien cher cette imprudence. Dans une de mes excursions, j'aperçus, à quelque distance au-dessous de moi, deux singes qui avaient l'air de se moquer de mon fusil, et qui me faisaient des grimaces comme s'ils avaient compris que leur retraite inaccessible leur assurait l'impunité. La tentation me prit de leur montrer que je savais grimper comme eux, et me voilà lancé à leur poursuite. Je n'étais pas encore à portée, que mes deux faiseurs de grimaces, voyant le train dont j'y allais, jetèrent un cri et partirent : avec eux s'envola l'espoir de manger du civet de singe.

A la hauteur où j'étais, je ne voulus pas que ma peine fût perdue, et je résolus d'atteindre la cime de la montagne pour avoir une vue générale du pays. Pour cela, il fallait gravir des pieds et des mains, en s'accrochant aux herbes et aux racines. J'allais être au sommet; en reprenant haleine, je me retournai pour juger du chemin que j'avais fait, et je vis que le retour serait encore plus difficile. Si j'étais un oiseau, me disais-je, en un clin d'œil je serais descendu. J'avais à peine formé ce vœu, que la plante à laquelle je me tenais attaché se rompit, et je roulai sur moi-même du haut en bas, entraînant avec moi une avalanche de terre et de cailloux. Un dernier bond me précipita en travers d'un petit ravin creusé par un filet d'eau. Broyé par la chute, je restai plus de dix minutes tel que j'étais tombé. Tout mon corps était meurtri, mes ongles emportés, mes doigts en sang. Enfin je ranimai mes forces, et, clopin clopant, j'allai m'étendre sur ma natte, guéri pour longtemps de l'amour des points de vue.

Si bienveillante que fût l'hospitalité de Tême, il me tardait de quitter au plus vite les montagnes du Thibet. Le 5 mars nous nous mîmes en route, moi, les deux jeunes fils de Tême, un de ses hommes et un esclave. Je marchais le dernier, je m'arrêtai cinq minutes pour chercher le couvercle de mon sac à plomb qui était tombé à mes pieds dans l'herbe. Ce petit délai suffit pour me faire perdre de vue mes guides et m'égarer. Heureusement qu'une femme qui allait dans la forêt me rencontra. Elle m'indiqua la direction que j'avais à prendre; mais lorsque j'arrivai sur la roche où il fallait franchir la rivière au moyen d'un pont de rotins, je ne trouvai pas mes hommes. Je tirai le dernier coup de fusil qui me restait. Ils répondirent par des cris à ce signal et me rejoignirent. Nous avions à faire un long trajet ce jour-là, il fallait forcer la marche. Je pris les devants afin de faire suivre mes gens. Nous avions à passer devant la maison de Tassassong, mais je ne voulais pas passer la nuit chez ce chef, parce que je n'avais rien à lui donner, et je savais que de là chez Khrounssa il n'y avait qu'une heure ou une heure et demie de marche. Je croyais savoir parfaitement le chemin; je m'égarai néanmoins. J'arrivai sur une hauteur dominant le Paie, et je vis de l'autre côté de cette rivière la maison de Khrounssa qui n'était éloignée que d'une demi-lieue. Je descendis vers le lit du Paie, je débouchai sur une petite roche, mais pas de pont et les eaux étaient très-hautes. La nuit, du reste, ne me laissa pas le temps de chercher un abri. Tout mon corps tremblait comme une feuille ; j'étais épuisé par la faim et les fatigues d'une marche forcée. La nuit se présentait sombre et pluvieuse. Ma première pensée fut aussitôt d'allumer du feu, mais je n'avais pas mon sabre pour couper du bois ; je fouillai dans ma gibecière, pas de pierre à feu ; j'eus recours au fusil, je l'avais déchargé le matin pour appeler mes gens lorsque je m'étais égaré ; j'ouvris ma poudrière, ô misère ! pas un grain de poudre ; le matin j'avais donné le peu qui me restait. Ainsi me voilà sans souper, sans hutte, sans feu. J'étais assis sur une roche dont les trois quarts étaient baignés par les eaux ; elle avait un mètre de long sur deux de large, mais la surface était raboteuse et une arête la coupait par le milieu, en sorte que je n'avais pas où reposer ma tête. Je n'avais pour toute consolation que le bruit du courant, les nuages sombres qui s'avançaient lentement et la peur d'être visité par des animaux sauvages.

Je me serais encore volontiers passé de rôti pour le souper et de duvet pour le coucher; mais le feu, ce don bienfaisant de Dieu, qui eût réchauffé et rendu souples mes membres engourdis, qui m'eût tenu compagnie pendant la nuit et qui eût éloigné de moi les êtres affamés et malfaisants, le feu me manquait. Oh! je sentis plus sa privation que celle du repos et de la nourriture. La pluie qui commençait à tomber mit le comble à mon infortune. Je prenais ma tête entre mes mains, puis je fouillais de nouveau dans mes poches et partout sans savoir pourquoi, ou plutôt sachant bien que je n'y trouverais rien. Le hasard voulut que je découvrisse une petite boîte en fer-blanc dans laquelle j'avais des allumettes chimiques; mais cette trouvaille ne fit aucune impression sur mon cœur et ne me donna aucune lueur d'espérance, je savais que ces allumettes étaient altérées, et puis tout était mouillé sur moi et autour de moi. Je n'ouvris pas même la boîte. Cependant un instant après je la pris et me mis à l'agiter dans mes mains comme un jouet d'enfant; il m'arriva de l'ouvrir et d'en tirer deux allumettes, en disant : Autrefois une seule m'eût suffi, mais maintenant elles ne sont bonnes qu'à être jetées à l'eau. Et tout en voulant le faire, je frottai la roche et le feu jaillit. A cette vue je ne me sentis plus de joie, et ayant ramassé du bois, je fis un bon feu, et allai boire en puisant l'eau dans le creux de ma main. Je fis ma prière, je remerciai Dieu du fond du cœur de m'avoir donné du feu. Et réellement ayant du feu j'avais tout oublié, je ne désirais plus rien, j'étais au comble du bonheur. Cependant la fatigue l'emporta, je m'assoupis; mais une heure après la douleur m'éveilla; mon corps accroupi sur une roche raboteuse était brisé; mon feu s'était éteint et j'avais froid. Je parvins pourtant à remettre tout sur un pied satisfaisant.

Quand le jour parut, je vis à mon grand plaisir que la rivière avait beaucoup diminué. J'ôtai mes bas et mes souliers et je la traversai comme je pus. Mais j'avais à vaincre un second obstacle : le terrain tout couvert de broussailles ne m'offrait point d'issue. Heureusement je rencontrai trois Michemis; je leur demandai le chemin et ils me dirent de les suivre. Un quart d'heure nous suffit pour monter à pied la montagne, et je me trouvais à la porte de la maison de Khrounssa, tandis que je la croyais une lieue plus haut. Je pus admirer l'attention de la Providence, car si je n'avais pas rencontré ces personnes je me serais de nouveau égaré dans un labyrinthe inextricable de rochers, de jungles, de bambous, de monts et de vaux.

En arrivant chez Khrounssa, je trouvai Tême qui nous attendait. Je me jetai sur une natte, et je donnai à peine à madame Khrounssa le temps de bouillir du riz. Vite!... vite!... lui criai-je à chaque instant, du riz, et beaucoup, double ration; je meurs de faim! Tout le monde était occupé, l'un à faire du feu, l'autre à chercher de l'eau. Deux heures après mes gens arrivèrent; eux aussi s'étaient égarés et avaient passé la nuit à la belle étoile sans souper.

Khrounssa commença à me faire mille excuses des mauvais traitements que j'avais reçus et de la mauvaise foi dont on avait usé à mon égard. Il m'eût été facile de lui prouver, comme deux fois deux font quatre, qu'il avait trempé dans la sauce, et que j'avais à me plaindre de sa conduite; mais j'avais besoin de lui, j'avais encore au moins six jours de marche avant de sortir des montagnes, et c'était le dernier chef que je devais rencontrer sur ma route; lui seul pouvait m'aider à gagner Saïkwah, je me gardai donc bien de l'indisposer contre moi.

Je retrouvai les deux hottes d'effets que j'avais été obligé de laisser en passant; on avait cherché à les ouvrir, mais sans succès. Tême voulut partir le même jour; il me répéta ce qu'un autre chef m'avait déjà dit : qu'ils s'engageaient à venir dans quelque temps me rejoindre à Saïkwah, et à me conduire droit au Thibet. Je crois que Tême est un des meilleurs chefs michemis; je le remerciai de la peine qu'il avait eue avec moi, et lui promis un présent. Mais alors il me fallut avoir une scène fort peu agréable avec ses enfants et les deux autres hommes : ils voulaient par force recevoir eux aussi des présents. J'avais beau leur dire que si je donnais au père et aux chefs, je ne pouvais pas donner aux enfants ni à leurs gens. L'un d'eux voulait m'obliger d'ôter le seul pantalon qui me restait pour le lui donner; mais j'étais hors de son pays, je lui résistai. Il me menaça, mais il n'était plus temps. Ils me quittèrent tous mécontents de ce que je n'avais pas consenti à me dépouiller des vêtements que je portais pour les leur donner. Ils me disaient : « Tu en as d'autres chez toi. — Mais, leur répondais-je, que mettrai-je pour aller d'ici chez moi ? — Tu iras, disaient-ils, comme nous allons, nus, pourquoi pas ? Est-ce que tu as peur de mourir de froid avec ta peau délicate ? » Quand ils furent partis, je parlai à Khrounssa de mon départ. Il me dit qu'il m'accompagnerait et me fournirait quatre hommes.

Plusieurs chefs vinrent me voir et me parler des plaintes que les Michemis font contre le gouvernement anglais, de ce qu'il ne rend pas les esclaves qui s'échappent. Comme je me sentais un peu hors de danger, étant à la porte d'Assam, je leur dis : « Vous ne parviendrez jamais à recouvrer vos esclaves ; ils n'ont, du reste, commis aucune faute en brisant leurs fers. Est-ce que vous n'en feriez pas autant vous-mêmes ? Ne sont-ils pas des hommes ? et de quel droit en faites-vous des bêtes de somme ? » Puis m'adressant au frère aîné de Khrounssa : « Et toi, lui dis-je, homme rapace et avide, de quel droit m'as-tu contraint de donner des présents? Quelle est cette coutume sauvage et barbare de se jeter sur le pauvre voyageur?... Maintenant je connais tout; j'ai tout vu, je ne puis plus être votre dupe; je ne donnerai plus rien. Je reviendrai, mais pas une tête d'épingle pour tous ces exacteurs; je serai juste, je payerai les services, je ne demanderai rien pour rien, mais aussi je ne donnerai rien pour rien. Ainsi, toi, tu m'as forcé à te donner quelque chose, de quel droit? ton village n'est pas sur ma route; tu ne m'as donné ni eau ni feu, et tu te dis chef, roi? Tu n'es qu'un mendiant! » Ce discours fit effet, le chef revint le lendemain et m'apporta deux œufs, casque en tête et la lance au poing.

La difficulté de trouver des hommes, et un orage qui fit trembler la montagne pendant quarante-huit heures, me retinrent jusqu'au 12 mars. Je partis accompagné de Khrounssa, de quatre porteurs et de deux hommes qui allaient à Saïkwah pour leurs propres affaires. Je passai près de l'arbre où trois mois auparavant j'avais passé la nuit de Noël sous une pluie battante. C'était là le commencement de cette longue chaîne de peines, de souffrances, de privations qui m'avaient accompagné. J'éprouvai une douce émotion en revoyant cet endroit : les peines, les fatigues endurées pour Dieu laissent dans l'âme un souvenir doux et consolant. Je passai le Tiding sur un pont de rotin. Si j'eusse été novice dans l'art de franchir ainsi les rivières, j'aurais cru que ma fin était imminente; mes forces étaient complétement épuisées quand j'arrivai de l'autre côté, sur la roche qui sert de plate-forme. J'étais tout haletant; le sang avait reflué dans la tête, et je fus plus d'un quart d'heure avant de recouvrer mes sens.

Nous nous remîmes en route, et bientôt nous arrivâmes à la montagne qui forme la première chaîne des Himalayas; de la crète nous devions découvrir le pays de délivrance, Assam. Vers la nuit nous nous arrêtâmes dans un lieu où deux ans auparavant se trouvait un village; maintenant c'est une forêt épaisse dont les broussailles et les arbres semblent avoir au moins dix ou quinze ans. Là, j'entendis un oiseau dont le chant est plus doux, plus correct, plus varié, plus riche que celui du rossignol. Sa mélodie a un caractère tout différent; on s'endormirait volontiers sur l'herbe au chant du rossignol, mais en entendant celui-là, il semble que le sommeil ne saurait plus avoir d'empire sur vous; je crois que j'aurais passé toute la nuit à l'écouter. Nous étions campés sous de grands arbres. Comme le temps était beau et que nous étions fatigués, nous nous contentâmes de couper quelques branches pour nous garantir de la fraîcheur de la nuit.

Vers deux heures du matin, la pluie commença à tomber. Pendant tout le jour les craquements du tonnerre, les éclairs qui semblaient embraser la forêt, et les avalanches de pluie se succédèrent de si près et avec tant de violence, que mes Michemis, tout Michemis qu'ils étaient, ne purent pas bouger pour nous mettre à l'abri. J'étais juché, accroupi près d'un petit feu qui ne donnait que de la fumée, toute la pluie me tombait sur le dos, je n'étais pas à mon aise. Une demi-heure avant la nuit la pluie cessa, et mes gens eurent le temps de bâtir une hutte plus ou moins à l'épreuve de la pluie. La nuit était close, il faisait sombre, l'aquilon était déchaîné, le tonnerre frappait avec l'éclair, la pluie inondait toutes les cavités de la montagne; nous étions à nous féliciter d'avoir un bon feu et un abri contre la pluie, lorsque tout à coup un homme, une femme et leurs jeunes enfants apparurent comme des spectres inattendus. Ils voyageaient depuis trois jours errant çà et là, cherchant des ignames et des fruits sauvages qu'ils assaisonnaient avec du gibier. Mais la pluie les avait empêchés de trouver aucune nourriture pendant tout le jour; ils couraient au hasard chassés par la faim. Ils profitèrent de notre foyer pour réchauffer leurs membres engourdis; mais le feu ne calmait pas leur appétit. Je ne devais arriver au premier village qu'après quatre journées de marche, et je n'avais de vivres que strictement ce qu'il m'en fallait pour quatre jours. Cependant, confiant dans la Providence, je pris de mon riz la ration d'un jour et je la donnai à ces malheureux, disant : Dieu voit ma charité et aura pitié de nous. Mes Michemis suivirent mon exemple, ouvrirent leurs petits sacs et donnèrent chacun une poignée de bobossa; le tout cuit ensemble fit un souper comme nos voyageurs n'en avaient pas savouré depuis longtemps.

Le lendemain, l'orage devint plus furieux que jamais et jeta l'alarme dans nos estomacs, car mes Michemis n'étaient pas mieux approvisionnés que moi. Alors je leur dis : « Mes amis, il y a en France un proverbe qui dit : La faim chasse le loup du bois ; demain à la pointe du jour, quelque temps qu'il fasse, il faudra lever le camp. — Oui, s'écrièrent-ils, nous autres, nous ne sommes pas habitués à mourir de faim accroupis derrière un arbre. Le *Déo* (génie) de cette montagne est dans une grande colère depuis longtemps ; il y a six mois, il a renversé tout un côté de la montagne, juste à l'endroit où se trouvait le chemin. »

Le lendemain la pluie cessa vers le jour ; mais à peine avions-nous le sac au dos que la pluie tomba de nouveau. D'abord ce n'était qu'une pluie fine mêlée à un épais brouillard formé par les vapeurs qui montaient du fond des précipices. Mais une demi-heure après, elle tomba comme si les cataractes du ciel eussent été ouvertes. Nous montions toujours, le froid devenait plus intense, un vent aigu semblait chasser chaque goutte de pluie jusqu'à la moelle des os ; à chaque pas l'un tombait, l'autre glissait, mais était assez heureux pour s'accrocher à quelque plante. J'étais sale, couvert de boue des pieds à la tête; la suie de mon vieux chapeau, détrempée par la pluie, ruisselait sur mon visage; cette eau corrosive me coulait dans les yeux et me rendait presque aveugle. Krounssa se retournait à chaque instant et me disait : « *Sabe, din béia* (sabe, la journée est mauvaise). » Je les entendis plusieurs fois se dire entre eux : « Oh! il est impossible que le Sabe y tienne, nous-mêmes nous succombons. » Vraiment la journée était dure, je ne crois pas en avoir jamais eu une plus pénible. Cependant je tins bon; je chantais : *Amis, la matinée est belle*... Je les amusais, je tâchais par toute sorte de moyens de ranimer leur courage. Mais vers midi je me sentis défaillir; mes forces tombèrent, la chaleur de mon corps m'abandonna, mes membres devinrent roides et froids. Ce fut en vain que je cherchai à ranimer mon courage et à me rendre ma première exaltation, je restai froid comme du marbre. Il n'y avait pas moyen de faire du feu, ce n'était que boue et eau tout autour de nous. Je continuai à me traîner comme je pus. Enfin vers deux heures, après une course toute semée de courants à franchir, de pics à escalader, d'orage à essuyer sans abri et parfois sans aliment, j'arrivai au point culminant de la chaîne des Himalayas qui bornent le royaume d'Assam. Le spectacle que j'avais sous les yeux est le plus grandiose que la nature puisse offrir. J'étais sur la crête nord-ouest du Brahmakoundo; à ma gauche, je voyais se creuser la vallée du Brahmapoutre; à l'est se dressait le grand pic Sambre, du sommet duquel bondissait en cascade le Déo-Pani[1], grossi par les pluies. On eût dit une immense toile blanche, déroulée et agitée par le vent. Au couchant, la plaine d'Assam fuyait à l'horizon et se perdait dans le lointain, comme se perdent les flots lorsque du haut d'un mât on cherche les limites de l'Océan. Cette fois-ci, je dominais les forêts et les jungles, je planais au-dessus de tous les obstacles, et je pouvais admirer toute la majesté du grand fleuve qui, après avoir été si longtemps dans d'étroites rives de granit, s'élance

[1] *Déo-pani* veut dire : Eau de Dieu, Eau du Génie.

de la montagne comme un géant qui a brisé ses dernières entraves, et, dès qu'il se sent libre, prend une terrible vengeance de sa servitude passée. Maintenant il marche droit devant lui, broyant tout ce qui s'oppose à son passage, et emportant, comme des trophées de sa force, les terres et les forêts qu'il ne cesse d'engloutir.

Ce spectacle me rendit la vie. J'étais assis sans le savoir sur l'herbe mouillée; forcé de quitter ce lieu, je me levai tout frais, tout dispos. Nous suivîmes le penchant de la montagne et nous arrivâmes vers cinq heures dans le lit du Doumé. Là je changeai de vêtement et m'empressai d'allumer un grand feu. Cet exercice amena un peu de moiteur et assouplit mes membres. On me fit une couche de feuille de bananier. Je sentis bien que je n'étais pas dans un palais de fée, couché dans un lit de rose, de soie et de coton. Cependant je ne manquais pas de disposition pour faire un bon somme. Je pus à peine finir mon office, le bréviaire me tomba plusieurs fois des mains. Le grand jour m'éveilla; mais quand je voulus me lever je sentis que je ne pouvais pas remuer mon corps.

Je pensais qu'une fois en marche, le mouvement et un joli soleil levant me rendraient la souplesse; mais je ne tardai pas à revenir de mon illusion; à midi j'étais encore aussi roide que le matin; je pouvais tout au plus porter mes jambes l'une devant l'autre, heureusement que nous étions en plaine.

Nous allâmes jusqu'au Tittiou, le fameux Tittiou que j'avais monté trois mois auparavant. Khrounssa tua un coq sauvage. Cette nouvelle me fit venir l'eau à la bouche; j'allais vivre une nuit et un matin de plus. Je fis bouillir la moitié de ma poignée de riz avec la moitié de ce coq. Mais je crois qu'il était vieux comme Mathusalem, ou bien l'impatience me fit croire aussitôt que le pot au feu allait à gros bouillons depuis plus de deux heures, car je fus obligé de dévorer la chair crue. Le lendemain matin je mangeai l'autre moitié un peu mieux cuite avec le dernier grain de riz, et j'avais encore au moins deux jours de marche avant d'arriver à Tchounpoura.

Quelque fatigué que je fusse et quelque raison que j'eusse de ne pas m'amuser un instant, je ne pus cependant quitter ces lieux enchanteurs sans leur donner un dernier adieu. Le pays est sain, élevé, l'air est pur, frais; il n'y a pas de jungles, l'emplacement est dans un des plus beaux sites, adossé contre la montagne et arrosé par le Brahmapoutre. On pourrait cultiver toute la montagne, car elle est couverte à une grande profondeur de bonne terre noire, riche, légère, formée des détritus de la forêt. Il n'y a pas de roche, on rencontre seulement quelques morceaux de granit détachés. La forêt est magnifique, elle couvre la plaine et la montagne; les arbres sont séculaires, d'une hauteur et d'une grosseur prodigieuses. La rivière charrie du fer, de l'or, de la serpentine en bloc, du granit et de la *lime stone*, espèce de marbre avec lequel on fait la chaux dans la province d'Assam. En vérité ces lieux réunissent toutes les conditions désirables pour une délicieuse solitude.

Je m'arrachai cependant bientôt au charme de ces sites grandioses pour me précipiter vers le Brahmapoutre. Des pêcheurs me reçurent dans leur canot, formé d'un tronc d'arbre.

Nous surprîmes un chevreuil qui traversait l'eau à la nage. Je voulais de suite aller sur le sable en mettre un cuissot à la broche, mais mes gens me promirent que j'arriverais à Saïkwah pour le déjeuner du capitaine Smith. Je me résignai donc et continuai ma route. Dès que le capitaine me vit, il s'écria : « Oh ! l'abbé ! » et vint à ma rencontre. Il s'arrêta à quatre pas de moi, me considéra avec un air de compassion, puis, joignant les mains : « Comme vous voilà arrangé ! s'écria-t-il ; garçon, vite, prépare une bonne quantité d'eau chaude, du savon et du linge blanc. Il vous faudra au moins huit jours de lessive pour vous nettoyer, ajouta-t-il en se tournant vers moi. — N'approchez pas de moi, lui dis-je, je suis couvert de vermine et de misère. »

Quand j'eus, à force de savon et de coups de bouchons, approprié le plus gros de ma personne et revêtu la robe blanche, j'entrai dans la maison. Le capitaine me dit qu'il avait donné aux chefs michemis tous les présents que je leur avais promis, et qu'en cela il n'avait fait que suivre l'avis de M. Bernard et de plusieurs autres messieurs qui lui avaient dit : « Si vous ne leur donnez rien, ces sauvages massacreront l'abbé Krick, si jamais il retombe entre leurs mains. »

J'avais quitté Saïkwah le 15 décembre 1851, et j'y suis rentré, à mon retour du Thibet, le 18 mars 1852.

CHAPITRE VI.

COURT APERÇU SUR LES MICHEMIS.

Leur physique. — Leur race. — Leur saleté; durée de leur vie. — Costumes. — Ornement. — Armes, gouvernement et législation. — Arts et métiers. — Agriculture; céréales. — Animaux domestiques. — Commerce. — Esclaves. — Mœurs. — Fourberie du caractère michemi. — Hospitalité; comment elle s'exerce. — Hôtelleries michemies. — Incertitude du lien conjugal; conséquences pour la famille. — Singulière abstinence imposée aux femmes. — Fêtes, réjouissances et jeux. — Religion.

Les Michemis sont, en général, de taille moyenne : sur vingt personnes on en remarque à peine quatre ou cinq appartenant à la haute taille et un au-dessous de la moyenne. Je n'en ai pas vu un seul puissant, musculeux et avec un peu d'embonpoint. Ils sont tous maigres avec des muscles peu saillants, mais fermes. Leur peau est d'un blanc pâle, basanée; leurs cheveux et leurs yeux sont noirs, légèrement nuancés de brun. Ils ont la figure plate, large et tant soit peu ovale, mais très-large à la hauteur des tempes. L'orbite des yeux se rapproche beaucoup, pour la direction, de celui des Chinois, mais il y a pourtant quelque chose de la race caucasienne. Le nez est fortement déprimé à sa racine, puis va grossissant et s'élargissant jusqu'à la pointe, qui est un peu recourbée en haut; les narines sont très-larges. Les lèvres tiennent le milieu entre celles du nègre et du Caucasien, et semblent former un petit bourrelet; le menton petit et rond; le front large, carré; les os maxillaires supérieurs, vulgairement appelés pommettes de la joue, proéminents. Enfin, je ne sais trop dans quelle race les classer : ils ne sont ni Caucasiens, ni Mongols, ni nègres purs, et ils tiennent de tous les trois; ils forment comme une race à part, qu'on ne peut confondre avec aucune autre. Ils ont tous les mêmes traits : voir un Michemis, c'est les voir tous, au point que je croyais voir toujours les mêmes personnes. Les femmes, en général, forment un type à part, bien différent de celui de l'homme : elles ont plus d'embonpoint, la figure bouffie, d'un pâle livide, et les joues pendantes. Cette nouvelle race ne s'est pas pourtant conservée dans une pureté telle qu'elle n'offre aucune exception. Quelques membres se sont croisés avec des individus de la race caucasienne; ils ont le nez plus ou moins aquilin et la figure ovale. C'est la classe des personnes physiquement privilégiées par la nature, si toutefois on peut trouver de la beauté parmi eux : leur nez et leur saleté surtout les défigurent. Point de teint frais et rose, ou s'il y en a, c'est bien le petit nombre. J'ai vu cependant quelques jeunes chefs et quelques jeunes princesses réellement bien faits. Généralement, la famille du chef est toujours mieux : les traits y sont plus réguliers. Les hommes sont tous à peu près imberbes, et ce n'est qu'avec bien de la peine que quelques-uns parviennent à se faire pousser une misérable paire de moustaches. Ils arrachent avec des pincettes les rares poils du menton.

Malgré leur saleté, ils n'ont pas de maladie cutanée; leur peau est intacte et sans ulcère. Quelques-uns sont affligés de goître. On ne voit ni borgnes, ni aveugles, ni boiteux, ni bossus, à moins qu'ils n'aient quelqu'une de ces infirmités par suite de blessures reçues en se battant. Leur vie n'est pas fort longue, et je n'ai vu qu'une seule personne qui eût passé soixante-dix ans; c'était la grand'mère du chef Tême. La longévité semble être pour eux entre soixante et soixante-dix ans; peu dépassent soixante-cinq ans; de sorte que je regarde soixante-dix ans comme le maximum et soixante comme la longévité ordinaire.

Costume. Les chefs ont pour coiffure un bonnet à poil fait avec la fourrure du *tari*, espèce de renard de ces pays. Ils portent en outre une espèce de paletot court, ouvert par devant, sans manches; il est en coton, rayé de rouge, de bleu et de blanc, avec des franges au bas. A la ceinture ils s'entourent d'une bande de la largeur de la main, tissée exprès et coloriée de bleu et de rouge. Quelques-uns ont de plus une capote blanche du Thibet, mais le plus grand nombre la remplace par une espèce de robe de chambre, en laine rouge et blanche, et toute étoilée, fabriquée exprès au Thibet pour les montagnards. Pour le reste des hommes, ils n'ont, pour la plupart, d'autre vêtement sur leur corps qu'un petit ceinturon autour des reins, à peu près large comme la main. Les femmes ne sont guère plus décemment vêtues : elles ont autour d'elles un petit napperon en coton, bleu indigo, qui leur tombe de la ceinture jusqu'un peu au-dessous des genoux. Les enfants, garçons et filles, sont entièrement nus jusqu'à l'âge de dix à douze ans ; ils n'ont absolument, les uns comme les autres, pour sauver la modestie, qu'une coquille ou cosse d'un gros fruit, ou bien une petite plaque en cuivre de la grandeur d'une pièce de cinq francs, attachée devant eux avec une ficelle.

Ornements. Les Michemis portent tous, hommes et femmes, les cheveux longs, noués sur le sommet de la tête et y passent à travers en guise d'épingles deux baguettes de cuivre ou de bois, selon leur richesse et la solennité de leur toilette. Les hommes percent leurs oreilles d'une énorme ouverture dans laquelle ils insèrent un anneau de bambou. Pour vous en faire une idée, figurez-vous un bout de canon de fusil, long de deux pouces, passés sans plus d'apprêt à l'extrémité inférieure de chaque oreille. Quelques-uns cependant ferment les ouvertures de ce tuyau de bambou avec des plaques d'argent coulées dans un moule fait exprès; d'autres, au contraire, y passent un anneau en cuivre.

Les chefs ont au cou un grand nombre de colliers en cornaline avec des grains longs comme le petit doigt. Ils portent encore une autre espèce de colliers formés d'une sorte de grains blancs, semblables à ceux que chez nous on appelle perles, et qu'on emploie pour faire des bourses, seulement ils sont sept à huit fois plus gros : ce sont là les deux seules espèces de grains en usage chez eux. La cornaline est l'apanage des chefs et de leur famille. Tout le monde a le droit de porter les grains blancs. Toute autre espèce de collier, quelque brillante qu'en soit la couleur, rouge, verte, bleue, est à leurs yeux sans prix et sans valeur, et ils n'en veulent à aucune condition; quant à ceux-là, ils les portent avec tant de profusion qu'ils en ont quelquefois pour plus de deux livres pendus à leur cou. Aux jarrets, ils mettent de petits cercles en rotin, noircis et attachés les uns aux autres par des attaches en cuivre. Ces cercles ne sont que de l'épaisseur d'un gros fil, et plus un homme est élevé en dignité plus il en augmente le nombre. Un autre ornement, exclusivement réservé aux chefs, consiste en deux plaques en cuivre fixées l'une derrière, l'autre sur la poitrine, à la courroie du coutelas dont je parlerai bientôt.

Les femmes sans distinction aucune, reines, douairières, princesses ou femmes du peuple, portent comme ornement, sur le haut du front, une plaque mince de forme ovale. La seule différence entre les riches et les pauvres, c'est que chez les premiers elle est en argent, et qu'elle est en cuivre chez les autres. Les extrémités de cette espèce de diadème arrivent jusqu'au delà des oreilles ; un ruban garni de deux rangées de coquillages vient, en passant derrière la tête, compléter et fixer la couronne. Aux deux extrémités inférieure et supérieure de chaque oreille, elles insèrent de grands anneaux de vingt-cinq à trente centimètres de circonférence; ils sont, comme les plaques, en argent pour les riches et en cuivre pour les femmes ordinaires. Leur cou est chargé de colliers blancs comme celui des hommes.

Les reines favorites ont de plus les colliers en cornaline, ce qui forme leur apanage et leur titre de noblesse. Quand elles sont très-riches et qu'elles veulent le paraître, elles ajoutent encore un paquet de fil de cuivre roulé en anneaux de quatre-vingt-dix à cent centimètres de circonférence, qu'elles portent sur leurs épaules comme une conque. Cet ornement incommode est un véritable embarras; mais les dames michemis ne reculent pas devant un inconvénient, quand il s'agit de vanité; elles portent aussi aux jambes des cercles en rotin comme les hommes.

Armes. Les femmes n'en portent aucune. Quant aux hommes, tous, même les petits garçons, portent un coutelas ou couteau long suspendu sous le bras droit par une courroie en forme de petit baudrier; du côté gauche pend le carquois, et l'arc est toujours dans leurs mains. La lance est le privilége des chefs; elle est longue de dix à douze pieds et ferrée aux deux bouts.

Législation. Ici liberté absolue. Chaque individu ne dépend de personne et ne relève que de lui-même. Il va où il veut, fait ce qu'il veut.

Aujourd'hui il niche sa hutte sur un pic, demain il la transporte sur un autre : la loi du premier occupant est la seule en vigueur. Il y a cependant une espèce de gouvernement. Le terrain occupé par une tribu entière est divisé comme par départements. Chacune de ces divisions a un chef auquel sont censées appartenir toutes les familles qui se trouvent dans sa circonscription ; elles forment ce qu'il appelle son royaume, son village. Mais ce royaume, ce village, ne sont nullement comme la France, comme les villages de la Lorraine où les maisons sont toutes placées côte à côte et groupées ensemble en nombre plus ou moins grand. Ici vous trouvez une hutte dans un coin, il vous faudra marcher deux grands jours avant d'en rencontrer une autre. La maison ou palais du chef est établie, au centre, sur la voie royale. Cette grande dissémination des habitations est due à la difficulté extraordinaire de trouver un terrain propre à la culture et à l'établissement d'une famille. Chacun cherche et s'établit où il peut. Il n'y a pas de lien commun entre les différents chefs ; ils sont tous indépendants les uns des autres, et ne forment pas une république ou État fédératif. C'est plutôt une véritable anarchie, car les sujets eux-mêmes ne doivent à leur chef aucune obéissance, et il n'a aucun ordre à leur donner. Pour la justice, chacun se la fait à soi-même et la vengeance privée est à l'ordre du jour : dent pour dent, œil pour œil, vie pour vie; le chef s'en met peu en peine et voit d'un œil indifférent les querelles et les meurtres des particuliers. En un mot, il n'est chef et véritablement chef que lorsque la tribu est attaquée. Alors les différents chefs s'assemblent et délibèrent entre eux sur le moyen de repousser l'attaque. Si c'est un seul village qui est attaqué par son voisin, le chef se met à la tête de ses sujets et combat avec eux; toutefois si le droit ne lui accorde aucune suprématie, en temps ordinaire il ne laisse pas que d'avoir sur le reste du village une prépondérance incontestée. Il est le plus riche, il a le plus d'esclaves, et, comme tel, personne n'oserait s'opposer à ses désirs. Il en est de même des chefs entre eux; il y en a de plus influents les uns que les autres, mais je crois que le premier et même le seul titre à cette influence c'est encore la richesse, c'est-à-dire un plus grand nombre de femmes, d'enfants, de métaux, etc., peut-être un peu aussi l'hérédité.

Leurs habitations ne sont que de simples et petites huttes, juchées sur des poteaux ou pieux plus ou moins longs et construites en bambous. La toiture est partout faite avec du chaume, de l'herbe ou des feuilles. Les maisons ou palais des chefs sont très-longues, mais aussi bien étroites; elles ont toutes la même forme. Le style grec, romain, ogival leur est entièrement inconnu. Ils suivent le style de leurs grands-pères. La maison de Lumling n'a pas moins de trois cents pieds de long sur neuf à dix de large. Au reste, je crois avoir suffisamment décrit ces palais superbes à l'article de l'ameublement. Pour ajouter un dernier trait au tableau, je dirai que la terre y sert de fauteuils, et les têtes noircies de vaches et de sangliers égorgés, suspendues aux murs, forment à peu près tout le mobilier. Cent de ces têtes font à un chef plus d'honneur et le rendent plus fier qu'un superbe carrosse attelé de huit magnifiques chevaux.

En fait d'ustensiles et d'attirail de cuisine

rien de plus simple. Un chaudron, apporté du Thibet, une cuillère à pot en bois, véritable spatule, voilà tout leur bagage. Leurs assiettes et leurs plats sont des feuilles de plantain sur lesquelles ils mangent; leurs doigts leur tiennent lieu de fourchette et de cuiller. Ils boivent dans des espèces de brocs en bambou ou même des paniers d'osier, dont le tissu est si serré que le liquide ne peut s'échapper à travers. Toutefois ceux qui vivent aux environs d'Assam ont des écuelles en cuivre, mais elles sont si rares qu'on peut les compter.

Arts et métiers: Les Michemis travaillent admirablement l'osier, et en confectionnent avec beaucoup d'habileté leurs huttes et paniers. Mais la charpenterie, la menuiserie leur est inconnue. Les femmes fabriquent elles-mêmes leurs étoffes de coton, et savent les teindre en rouge avec la plante grimpante nommée *ohi*, et en bleu avec l'indigo. Néanmoins il y a peu de coton. Ils savent aussi trouver et exploiter le fer et quelques-uns le travaillent. Mais toute leur science se borne à fabriquer des coutelas, des *dô* (sabres), encore sont-ils loin d'être arrivés à la perfection. Ils font pourtant assez bien quelques petites haches. Leurs ornements en cuivre et en argent, ils les confectionnent eux-mêmes; car ils savent fondre et battre ces métaux, mais tout juste ce qu'il leur en faut pour leur usage, et ce n'est jamais comme véritables artisans, ils ne le sont pas du tout. Ils font encore leurs lances dont les deux bouts sont ferrés. En résumé, chez ces peuples on ne connaît ni art ni métier dans le vrai sens des mots. Leurs maisons sont en bambou, leurs ustensiles en bambou, leurs hottes et leurs paniers en bambou, leurs pipes en bambou, leurs cordes et ficelles encore en bambou, leur casque, leur carquois, leur arc, leurs flèches, tout est en bambou; aussi le Michemi peut être représenté le couteau d'une main et dans l'autre un bambou.

Culture. Ici encore le bagage n'est pas lourd. Une hachette et un petit croc en bois d'un pied de longueur, voilà tout l'attirail du cultivateur. Voici maintenant leur manière d'exploiter. Le chef de la famille va d'abord en découverte, parcourt la forêt et l'examine sur tous les points. A-t-il trouvé un endroit qui lui paraît bon et qui lui convient, il le marque et se retire. En mars, lui et toute sa famille se transportent sur le lieu et se mettent aussitôt à l'œuvre. Au lieu d'arracher les arbres, ils ébranchent seulement les gros afin que leur ombrage ne nuise pas à leurs semailles, et coupent les autres moins gros à hauteur d'homme. Quand je leur demandai : « Pourquoi donc ne coupez-vous pas les arbres à fleur de terre? — Sabe, me répondirent-ils, nous ne savons pas. Nos pères nous ont transmis cette coutume, nous la transmettrons à nos enfants. » Quand tout est abattu, broussailles, herbes et arbres, ils les laissent sécher et y mettent ensuite le feu. Ils ont surtout grand soin que tout soit réduit en cendre avant les pluies, qui arrivent en juin. Dès que le temps le permet, ils sortent de leurs huttes, armés de petits crocs en bois avec lequel ils remuent sans peine cette terre vierge et légère. Pour cela ils se tiennent assis, arrachant en même temps et réunissant en tas les racines et restes de plantes pour les réduire aussi en cendre sur le terrain cultivé. Ordinairement, avant cette opération, ils ont jeté en terre leurs semences et ne font ainsi qu'une culture. D'autrefois cependant ils ne sèment que lorsque le champ est bien nettoyé. Tout autre instrument aratoire, bêche, hoyau, herse, charrue, etc., leur est inconnu. Il leur serait impossible de se servir d'une charrue, même indienne. Pour battre le blé, ils n'ont d'autre fléau qu'un simple bâton.

Parmi les céréales qu'ils cultivent sont : 1° le riz des montagnes, mais en petite quantité. Les Taïns qui habitent sur les bords du Brahmapoutre pourraient en récolter abondamment, car le sol est bon; chez les Mijans, au contraire, il n'y a que peu de terre, et le riz ne peut y prospérer. 2° Le blé de maïs qui croît partout et réussit très-bien. Chacun tient à en avoir sa petite provision. 3° Le *bobossa*, dont la tige est forte et ressemble à certains roseaux. La graine est petite; pour s'en servir ils la broient entre deux pierres qu'ils frottent l'une contre l'autre; c'est là leurs moulins, ils n'en connaissent pas d'autre. Ils n'ont pas même la pensée ou le courage de se servir de moulins à bras. Le bobossa est pour les Michemis ce que le riz est pour l'Inde, et la pomme de terre pour une grande partie de l'Europe. Ils le réduisent en farine de la manière que je viens de dire, puis en font une espèce de bouillie, ou bien ils la cuisent sous la cendre en forme de gâteaux. Ils s'en servent encore pour faire comme une espèce de sauce aux plantes et racines sauvages qui leur servent de ragoût. Quand ils voyagent, ils prennent une ample provision de farine de bobossa, et les voilà partis pour le pays où l'on voudra. Pendant leur marche, ils s'asseyent de temps en temps auprès d'une source, prennent et mangent trois ou quatre poignées de cette farine, boivent un coup d'eau et les voilà restaurés pour trois ou quatre heures. Le riz pour eux est du luxe. L'esclave n'y touche jamais. Il est exclusivement réservé au maître, qui lui-même n'ose y toucher que quand il s'agit de faire une fête. Le bobossa remplace encore le riz pour faire le mô ou la boisson. Mais celle-ci n'a ni la même force ni le même esprit et ne peut enivrer. 4° Le ténan, plante qui ressemble assez à la betterave rouge, mais la graine est petite et d'un noir luisant. 5° Enfin, le blé de Canari, en petite quantité, ainsi que deux ou trois autres graines qui ne me sont pas bien connues. En résumé, si ce peuple voulait, il aurait chaque année ses greniers bien garnis; mais il sème très-peu.

Animaux domestiques. A la tête de tous est le châ, appelé mitou par les Anglais. C'est un animal de l'espèce bovine, et ressemble assez à un jeune taureau d'un an et demi à deux ans. Il est court et ramassé; ses cornes sont régulières, courtes, mais très-grosses; il est de couleur noire. Les Michemis le laissent à l'état libre des bois, tout en l'apprivoisant. Le châ est le roi des animaux domestiques; c'est le symbole de la richesse. Il faut être riche pour avoir des mitous, ou plutôt, celui qui a des mitous est riche; aussi en est-il fier et se croit-il quelque chose. Le châ est aussi réservé pour les grandes transactions. Veut-on faire un traité de paix, célébrer une noce, des funérailles, on tue un mitou. Si un chef veut acheter une princesse, c'est un mitou qu'il donne. Une fois apprivoisés, ces animaux courent et rôdent aux environs de la propriété, viennent quand on les appelle, et prennent de la main le sel qu'on leur donne. On y voit encore le cochon : la race, petite et noire, y est en grand honneur. Les Michemis sont très-friands de sa chair. Chaque bonne maison en a au moins un. Les étrangers et voyageurs peuvent s'en procurer, mais non sans difficulté. La poule est plus commune ; ils n'en mangent pas les œufs, mais les mettent tous à couver. Il résulterait de cette manière de faire une quantité prodigieuse de poussins, et partant de coqs et de poules. Mais le *goui*, ou prêtre, se charge de prévenir cet inconvénient. Quand il est appelé pour quelque cérémonie, il fait un tel ravage dans la basse-cour, qu'à son départ coqs, poules et poulets, tout a disparu. Le chien est de la petite espèce des parias de l'Inde : oreilles courtes et pointues, queue retroussée en forme de cor de chasse, poil court, museau de renard ou de chacal. Il est méchant, hardi, mais bon garde. On y trouve aussi des chats qui ressemblent en tout aux autres chats : quatre pattes, une queue, couleur grise ou blanche, et voilà tout. Bref, les Michemis sont aussi pauvres en animaux domestiques que sous tous les autres rapports.

Commerce. Les Michemis font le commerce entre eux d'abord, puis avec le Thibet, avec Assam et avec les tribus Khampthies et Singfous. La branche principale de leur commerce, tant à l'intérieur qu'à l'extérieur, est la vente des esclaves Il faut cependant en excepter Assam, où ce trafic, qui y était très-commun autrefois, a complétement cessé depuis que les Anglais ont cette province. Les esclaves se font dans les guerres que se livrent les tribus. Mais maintenant chaque individu a-t-il le droit de se vendre comme esclave, ou plutôt est-ce l'usage qu'on se vende, ou ne devient-on esclave que par suite de la guerre? Je l'ignore. En ce moment, les Taïns et les Mizous sont en paix entre eux; que font-ils? Ils traquent de tout côté, et tâchent de surprendre par la ruse ou la force autant de Khampthies, de Singfous, de Soulikattas et d'Assamiens qu'ils peuvent : filles, femmes, enfants, rien n'est épargné. Les hommes sont ensuite conduits loin du pays où ils ont été pris, pour être vendus. C'est ainsi que les Khampthies, les Singfous et les Assamiens sont expédiés vers les Mizous ou dans le Thibet. Depuis quelque temps, les Michemis n'osent plus guère s'aventurer dans la province d'Assam pour faire des esclaves; et parmi le grand nombre d'esclaves assamiens que j'ai rencontrés, aucun n'était de date récente. Les derniers pris remontaient encore à huit ou dix ans. Tous les ans ils achètent des esclaves en grand nombre des Singfous et des Khampthies, qui se donnent la chasse de tribu à tribu, et même de famille à famille dans la même tribu. La prise d'un esclave quelconque est toujours une bonne prise; c'est comme une trouvaille qui n'a coûté aucune peine. Le prix varie dans les différentes tribus. Les Singfous donnent aux Michemis un esclave pour quelques livres d'opium; les Michemis les échangent au Thibet pour une vache. Les chefs seuls, qui ont les moyens de les nourrir, les gardent pour leur service, et se les attachent en les mariant. Un esclave assamien me disait un jour : « Mon maître m'a donné cette fois une bien mauvaise femme; il faudra que je la change. » Ils sont, en général, bien maltraités et comme abrutis. J'ai vu chez le chef Tême une espèce de machine infernale pour garrotter les esclaves : on leur met, par le moyen de cette machine, les mains et les pieds dans une même entrave, et l'on réduit ainsi l'homme le plus fort à une immobilité absolue.

Après les esclaves, une autre grande branche de commerce, c'est le *michemis tita*, appelé aussi par Wall *coptis tita* : c'est une racine amère à laquelle on attribue une grande vertu médicale. Les Thibétains, les Michemis et les Assamiens la prennent en décoction contre la fièvre. Les médecins anglais de Calcutta ne lui reconnaissent aucune vertu fébrifuge, mais la louent beaucoup comme excellent tonique amer. Elle croît en abondance dans cette partie des Himalayas. Les Michemis la vendent à Assam et au Thibet en grande quantité.

Ils exportent aussi au Thibet la plante *ohi*, de la famille des lianes, qui donne une bonne couleur rouge. Les Thibétains semblent rechercher beaucoup cette branche de commerce. Ils n'attendent pas que les sauvages viennent leur apporter cette plante; ils parcourent eux-mêmes les montagnes pour l'acheter. Je ne sache pas que ce commerce soit connu à Assam. Le michemis bis, bisch ou même bi (*aconicum ferox*), connu dans les laboratoires de chimie, et qui est le poison le plus violent du règne végétal, est aussi une racine que l'on trouve chez les Michemis. Ces sauvages en extraient le suc, dans lequel ils trempent leurs flèches. Ils en portent peu au Thibet, mais ils en font leur principal commerce avec les autres tribus, qui ont aussi des flèches empoisonnées. Ils vont vendre au Thibet les peaux des divers animaux qu'ils ont tués. Ils ont aussi le musc, la cire, qu'ils vendent à Assam, des ustensiles en bambou, des instruments tranchants, du tabac serré dans des tubes de bambou, qu'ils portent encore au Thibet. La monnaie n'est pas connue chez eux; tout se fait par échange. En échange de leurs esclaves, de l'ohi, du tita, du bisch, des peaux, du musc, des instruments tranchants, du tabac et des écuelles en bambou, ils rapportent du Thibet des vaches, du sel, des capotes en laine blanche ou de couleur faites exprès pour eux, de longs sabres, qu'ils revendent ensuite à cent pour cent à ces messieurs d'Assam. (Pour plaire aux sauvages, les Thibétains attachent à la poignée un pompon en poil de chèvre teint en rouge.) Le chaudron, leur seul instrument de cuisine, leur vient aussi du Thibet, ainsi que les pipes en cuivre et quelques cornalines. Les gougs-gougs, qu'ils vendent à un prix fou en Assam, leur viennent, à ce que je crois, de la tribu des bora Khampthies. Je n'en ai pas vu un seul au Thibet. S'ils disent qu'ils les apportent du Thibet, c'est qu'ils connaissent les messieurs d'Assam très-amateurs de tout ce qui vient de ce pays. Les dhas (sabres khampthies) sont, en partie, fabriqués par eux-mêmes, et le reste acheté aux Khampthies. Ils les revendent en Assam. Quand ils viennent à Saïkwah, ils apportent des gougs-gougs, des dhas, du tita, du bisch, des lances, des cristaux et autres curiosités, de la cire, du musc, et s'en retournent avec des vaches, des buffles, du sel, de l'étoffe dite *eri capor*, des cornalines, et surtout le collier en graines blanches. Entre eux ils échangent une esclave pour une femme ou un mitou, du maïs pour un cochon, de l'étoffe pour autre chose. Il n'y a guère que ceux qui vont à Assam qui connaissent les roupies; encore ils les reçoivent d'une main pour les dépenser de l'autre, et n'en rapportent jamais chez eux.

Dans leurs relations de commerce ils préfèrent le Thibet à Assam; aussi y vont-ils en plus grand nombre. La première raison de cette préférence, c'est l'habitude; ensuite, c'est qu'au Thibet ils sont reçus au foyer, mangent et couchent avec la famille, tandis qu'à Assam ils sont tenus à une distance respectueuse, qui ne leur permet aucune intimité avec qui que ce soit. Au bazar tenu par les Hindous ou Musulmans, ils n'y sont admis que pendant le temps nécessaire pour échanger leurs marchandises. Le fier Musulman et le ridicule Hindou préféreraient les voir mourir de misère plutôt que de leur donner une goutte d'eau. Du bazar ils vont s'accroupir comme des singes devant la maison du Sabe, qui leur envoie par son domestique une ou deux bouteilles de rhum. Quelques messieurs portent la complaisance jusqu'à permettre à ces sauvages d'entrer dans leurs salons et d'admirer les belles choses qui s'y trouvent. Cette vue leur fait encore mieux sentir la distance qu'il y a entre un pauvre Michemis et un Sabe. Mais, il faut le dire, l'idée de grandeur qu'ils se forment ainsi sur les Sabes est exagérée, car ces sauvages ne savent pas que tout ce qui brille n'est pas or. Aussi se figurent-ils généralement qu'un Sabe a sa maison remplie d'or et d'argent, et qu'il pourrait bien leur en donner sans diminuer beaucoup son coffre-fort. De là vient qu'ils regardent les présents qu'ils en reçoivent comme un appât dont il faut se défier, ou bien comme un tribut auquel ils ont droit, ou encore comme une bagatelle qui ne mérite pas un merci. J'en ai entendu se demander l'un à l'autre : « Tel Sabe, que t'a-t-il donné? — Rien, deux roupies. — Et cet autre? — Bah! ne m'en parle pas. Deux bouteilles de potika (rhum). J'en aurais bu vingt, et il ne tenait qu'à lui de me les donner. Les Sabes sont si riches! et ils sont crasseux. » Au Thibet, au contraire, ils ne reçoivent pas un seul grain de riz en présent. J'ai vu les chefs mêmes qui, à Assam, reçoivent toujours des présents, être obligés de battre tout une journée du riz pour en avoir une ration pour leur souper. S'ils veulent se chauffer, ils doivent apporter de la forêt leur contingent de bois, et cependant, malgré cette différence, ils préfèrent le Thibet. C'est qu'ils sont un peu comme nous; nous préférons n'avoir qu'une pomme de terre à manger et être assis à la table hospitalière, que de recevoir du champagne, du laffitte et des dindes truffées à la porte du riche. A Assam, ils ne trouvent ni égaux ni amis. Peut-être que la crainte et la timidité les retiennent; mais cependant ceux qui y vont depuis si longtemps voient bien qu'ils n'ont rien à craindre. Je crois plutôt que c'est antipathie contre les Sabes. En général, les Anglais sont craints, mais ils ne sont pas aimés.

Mœurs. Les Michemis sont faux, menteurs jusqu'à l'impudence, d'une jalousie repoussante, vindicatifs; ils ont un cœur fourbe et trompeur. Le sentiment moral est si bas et si avili, que mentir, voler, tuer, n'éveille pas en eux le moindre remords. Ils se dénigrent, se calomnient, se déchirent enfin à belles dents les uns les autres. Tout pour eux est bon à prendre. Chez aucun d'entre eux je n'ai pu rencontrer quelques sentiments un peu nobles. R. Wilcox les appelle hospitaliers; mais il n'a pas fait attention que s'ils donnaient un œuf, c'était pour avoir un bœuf. Par leurs rapports fréquents avec le Thibet et Assam, ils ont uni la corruption des sentiments, les raffineries du petit commerce, aux mœurs sauvages et brutes de leurs montagnes. Ce ne sont pas ce qu'on pourrait appeler des sauvages vierges, neufs et ignorants. Entourés qu'ils sont de peuples civilisés, ils s'obstinent à rester ce qu'étaient leurs pères. Ils voient la grandeur d'Assam, et ils retournent chez eux non pas civilisés, mais plus jaloux et plus envieux. Ils sont traîtres, méfiants, sans parole d'honneur; c'est le sauvage brut, dévoré par une cupidité crasse.

Leur corps est fluet, mais tout est vie, feu, activité dans ce petit corps. Ils mènent une vie dure, pleine de privations et de fatigues. L'abstinence leur coûte peu. Donnez-leur du tabac pour fumer et pour chiquer, et ils passeront facilement un jour et une nuit sans manger. Ils sont guerriers; au moins se vantent-ils beaucoup de l'être, car, à les entendre, ils seraient continuellement disposés à se battre à mort. Ils bâtissent bien des maisons, cultivent des terres, mais, comme je l'ai déjà dit, ils n'en sont pas moins nomades d'instinct et de fait. A chaque instant ils changent d'habitation, émigrent, abandonnent un champ déjà bien cultivé pour aller attaquer une forêt épaisse. L'Indien ne trouve de bonheur que lorsqu'il peut se coucher au soleil; c'est là sa satisfaction la plus grande, son passe-temps le plus doux. Pour le Michemis, au contraire, il ne se repose jamais. Le jour il est sans cesse en mouvement, et la nuit, il est encore sur pied la plupart du temps : il dort peu par conséquent. Il est presque toujours en voyage, tantôt pour affaires, tantôt pour manger, comme ils disent, l'amitié, c'est-à-dire visiter les amis.

L'hospitalité est, pour ainsi dire, le privilége des chefs. Leurs maisons sont de véritables hôtels-restaurants à bon marché; les voyageurs y sont logés et nourris gratis. La première pièce est réservée et comme consacrée aux voyageurs; elle n'appartient pas au chef, il en fait l'abandon. Or là chaque jour se passe une scène des plus pittoresques. Les voyageurs de quelque rang, condition ou sexe qu'ils soient, arrivent ordinairement le soir. Ils entrent sans façon et sans crainte dans l'appartement, déposent leur hotte et s'asseoient autour du foyer, qui est constamment allumé. Leur premier souci est d'allumer leur pipe, puis ils fument en causant avec les voyageurs déjà arrivés. Ils ne se donnent pas la peine de passer à la cuisine pour annoncer un hôte de plus. Ils attendent tranquillement que l'heure de la distribution arrive. Je dois faire observer en passant qu'ici les hôtels michemis n'ont pas de cuisiniers d'office et de profession, chacun fait sa cuisine comme il l'entend. Et ne croyez pas qu'en cela les femmes mêmes consentent à devenir comme les esclaves des messieurs d'Assam, la cuisine des voyageurs se fait à tour de rôle. Aujourd'hui, ce sont les reines et princesses qui font les honneurs de la table; le lendemain, ce sera aux femmes esclaves à traiter les autres; un autre jour, les maîtres eux-mêmes auront à leur tour le tablier de cuisine; vient enfin le tour des esclaves, qui sont très-habiles à faire de la cuisine sauvage. Ainsi le veut l'usage du pays. Quand tous les préparatifs sont terminés, que tout le monde a pris son repas, alors commence la causette. Le maître, bien entendu, s'est dispensé de tout le cérémonial de la réception; point de baisers, ni même de poignées de mains. Ils se groupent autour des foyers en plus grand nombre possible. Ils ont en cela une habitude grotesque qui vous paraîtrait peu décente. Ils passent les jambes les unes dans les autres sans distinction et sans scrupule, le voisin dans celles de sa voisine, celle-ci dans celles de son voisin, et ont ainsi l'air d'une chaîne sans bout dont tous les anneaux se tiennent. Ici encore une demoiselle ne fera aucune difficulté d'entrer en dispute avec le premier jeune homme venu, pour qu'elle ait la faculté de se mettre à son aise; et de même le premier voyageur venu usera de la même liberté avec n'importe quelle reine ou jeune princesse. Vers dix ou onze heures de la nuit, les femmes se retirent, celles de la maison dans les pièces les plus reculées, et les femmes et enfants en voyage dans la pièce voisine, contiguë à celle destinée aux hommes. Ce sont les deux pièces que chaque chef met à la disposition de ses hôtes. Le lendemain, le déjeuner est servi comme le souper, sur une feuille de banane. Le repas achevé, chacun prend en main le bâton, les voyageurs pour continuer leur route, les gens de la maison pour se rendre à leur travail. Ainsi la maison est généralement vide de huit heures du matin à quatre heures du soir. On n'y voit que quelques petits enfants ou quelque vieille grand'mère. Le nombre des voyageurs ou visiteurs est ainsi chaque soir, terme moyen, de quinze à vingt chez chaque chef. Ajoutez à cela le personnel de la maison, qui ordinairement ne s'élève pas à moins de trente ou quarante, et vous aurez à peu près soixante bouches réunies deux fois par jour autour de la table; aussi le grenier est-il bientôt vidé. Alors on a recours aux herbes et racines sauvages.

Chez ces sauvages, la vie de famille n'est point fécondée et entretenue par ce lien intime, étroit et sacré de l'affection et du respect. On n'y voit pas ces épanchements doux et sublimes du cœur entre époux, entre enfants et parents. On dirait presque qu'il n'y a pas de famille, mais seulement une société entre le père, ses femmes et ses enfants, créée par des intérêts communs. L'amour n'en est ni le principe, ni le medium, ni la fin. Leur affection, s'ils en ont, est un amour d'instinct; mais la véritable affection, l'amour de cœur, de sentiment, n'est pas connu chez eux. Aussi il n'y a pas chez eux d'enfants dans le vrai sens du mot; ce sont de jeunes membres de la famille, ou mieux de la société, ayant un droit à la maison. De là, les enfants se mêlent sans façon à la conversation et sont écoutés; ils ne tiennent aucun compte de leurs parents ni des personnes âgées; ils réclament leur droit et leur part en tout et partout. Un jour, Lunling engageait sa fille à porter ma hotte. « Je le veux bien, répondit-elle, s'il me paye. — Mais, lui dis-je, j'ai déjà payé ton père. — Oh! dans ce cas, que mon père porte la hotte, s'il a reçu la récompense. Mon père ce n'est pas moi; ce que vous lui donnez, ce n'est pas à moi que vous le donnez; chacun pour soi! » Ici les enfants, garçons ou filles, fument et chiquent dès l'âge de quatre à cinq ans. Ils ont leur blague à tabac à eux, ils en donnent à leur mère, ou bien disent au père : « As-tu une pipe de tabac à me donner? » Rien n'est curieux comme de voir une petite fille de quatre ans donner une pipe de tabac à son père. Les femmes jouissent d'une liberté pleine et entière. Ici point de caste, point de loi de modestie ni de règles de convenance. Elles sont en tout sur le pied de l'homme. Elles travaillent avec lui et comme lui, manient la hache et portent la hotte. Elles ne sont ni esclaves, ni privilégiées. Une seule chose leur est interdite, l'usage de la viande. Le rat et l'écureuil sont les deux seuls animaux dont il leur est permis de manger. Cette singulière prohibition vient évidemment de la gourmandise de l'homme, dont la portion de mitou, de porc et de gibier devient plus copieuse par l'abstinence qu'il impose à la femme. Celle-ci pourtant est loin de se douter du tour que lui joue son mari. Quand je leur demandais : « Mais pourquoi ne mangez-vous pas de viande? — C'est l'usage, me répondaient-elles comme de concert, et il est inouï que jamais femme ait mangé de la chair d'aucun animal. Et puis si nous en mangions, nous éprouverions bientôt des maux d'estomac et des douleurs d'entrailles. Une troisième raison, c'est que la femme qui mangerait de la viande, disaient-elles, exhalerait une odeur si fétide, que personne ne pourrait l'approcher. » J'avais beau leur dire d'essayer, qu'elles reconnaîtraient le contraire. Aucune ne voulait consentir à en faire la première l'essai. Un jour, me trouvant seul avec une jeune Michemis qui me regardait manger une tranche de porc, je voulus essayer de la tenter. Je lui en offre, elle refuse. Je fais des instances, j'emploie tous les moyens de persuasion qu'offre la rhétorique, je lui offre même un présent, peine perdue. Elle refuse avec un courage héroïque et soutient de front la plus forte tentation qu'elle ait jamais eue.

La vie de la femme ici me paraît un phénomène hygiénique. Les femmes michemis ne sont nullement carnivores, elles ne mangent pas en toute leur vie la valeur d'un pois de graisse animale. Aucune autre substance adipeuse n'entre dans leur nourriture, ni huile, ni beurre; rarement du sel. Elles n'ont pour tout aliment que quelques simples et mauvais végétaux à demi bouillis, et voilà tout. Néanmoins elles vivent, elles travaillent, elles ont l'air d'être plus fortes et mieux portantes que les hommes, portent de plus lourds fardeaux. Elles ont un courage mâle et viril. Il est impossible, je crois, de trouver et une nourriture plus chétive et une femme plus forte et plus active. Ce fait m'a frappé, et j'ai eu beau me creuser la tête, je n'ai pu en trouver la raison.

Fêtes, réjouissances, jeux. Les Michemis sont généralement graves comme des Catons; ils n'ont rien de cet esprit jovial et enjoué si naturel dans un Européen. Chez eux point de ces éclats de rire, ou tout autre signe extérieur de légèreté. Ils sont froids et calmes; point de badinage même entre jeunes gens. Je n'ai pas vu même les enfants adonnés aux jeux de leur âge. Si les amis se rencontrent, ils s'acroupissent gravement comme des singes, appuyés sur leurs armes et fument leur pipe. Leur regard est sournois, défiant; ils sont, en un mot, graves et sombres, moraux et prudents.

Ils ont pourtant des réunions ou assemblées, non pour danser, rire ou jouer, mais pour boire, manger et traiter des affaires de la république. Car, chez eux, point de jeux, point de danse, ni aucun instrument de musique. Je puis au moins affirmer que je n'ai jamais vu un seul Michemis danser, jouer ou faire de la musique pour rire ou s'amuser.

Quand ils veulent célébrer quelque fête ou mariage, une cérémonie funèbre, quand quelqu'un veut se rendre le dieu propice pour quelque nouvelle entreprise, ou bien encore quand il a choisi une nouvelle forêt pour y bâtir sa maison, il fait venir le prêtre pour qu'il conjure le génie du lieu de ne pas lui nuire. Alors, si cet homme est riche ou s'il veut faire le généreux, il tue un mitou, un buffle, ou, à défaut, il se contente d'un cochon. Il fait ensuite du mô (boisson tirée du riz ou du bobossa). Puis les amis viennent en foule, on mange, on boit largement, on fume et chique du matin au soir et du soir au matin, en causant tout haut, et voilà la fête. Je n'y ai jamais vu la moindre gaieté ni la plus légère folie.

Moralité. Pour ce qui est de l'extérieur, c'est-à-dire ce qu'il m'a été permis de voir et de remarquer, cette peuplade est peut-être la plus grave et la plus réservée sur cet article. Je n'ai en effet jamais aperçu le moindre signe extérieur de concupiscence et d'immoralité. On dirait à les voir que le sixième et le neuvième commandement ne peuvent trouver chez eux d'application, et qu'ils n'ont aucune passion. C'est là ce qui paraît, et je ne juge que d'après l'extérieur. Pour bien faire l'histoire d'un peuple, pour bien connaître ses mœurs et ses habitudes, il faut avoir vécu des années entières au milieu de lui.

Mais parlons d'un sujet plus sérieux. Les rares voyageurs qui ont visité la tribu des Michemis affirment que ces sauvages n'ont point de religion. Moi-même j'avoue qu'à mon premier passage parmi eux, j'avais cherché en vain dans leurs montagnes quelques traces d'un culte rendu à la Divinité. Mais à mon retour du Thibet, j'ai eu souvent occasion de me détromper, et j'ai constaté qu'ils ont peut-être plus de pratiques religieuses qu'aucun autre peuple. Ceci prouve une fois de plus qu'un premier coup d'œil ne suffit pas pour tout voir, et qu'on peut de bonne foi accréditer de grossières erreurs, lorsqu'on porte un jugement sur des institutions qu'on n'a pas eu le temps d'approfondir.

A mon arrivée chez Tême, j'avais appris qu'un service funèbre allait avoir lieu pour sa jeune femme, morte depuis trois mois. La tombe s'élevait auprès de la maison, abritée par un toit de chaume sous lequel étaient suspendus la hotte de la défunte, son broc, son chapeau en osier et son dernier vêtement. Depuis plusieurs jours, un esclave préludait à la cérémonie en récitant des prières dans un appartement voisin ; le bruit sourd d'une sonnette se mêlait à sa voix, et donnait à son chant une expression lugubre. Il y eut aussi un sacrifice préparatoire, dont une poule et un coq rouge firent les frais; leur sang fut reçu dans un vase qui contenait une liqueur, et à la manière dont se faisait le mélange, les assistants tiraient des augures plus ou moins favorables. Mais tout ceci n'était que le prologue de la pièce; l'auteur principal, c'est-à-dire le prêtre, manquait encore. Les Michemis donnent à leurs prêtres le nom de *goui*. Celui dont je vais parler s'appelait Dousa.

Il arriva, le 22 au soir, avec sa femme, son fils âgé de quatorze ans et un petit enfant tout jeune. C'était un homme de cinquante-cinq ans au moins ; il avait la taille élevée, la figure assez blanche, la lance au poing, un gros bonnet d'ours sur la tête, le coutelas au côté, et pour vêtement une capote blanche du Thibet, qu'il tenait relevée jusqu'au genoux. Rien ne le distinguait d'un chef ordinaire, si ce n'est un réseau de coquillage placé sur le devant de sa coiffure, et deux espèces de cornes qui flanquaient son bonnet à poil. Quand la nuit fut close, Dousa se mit à l'œuvre, armé d'un éventail et d'une sonnette. La séance, qui dura quatre heures, ne fut qu'une longue psalmodie exécutée en chœur par le prêtre et son fils, tandis qu'une femme accompagnait sur le tam-tam les notes monotones du chant, le bruit de la sonnette et le jeu de l'éventail.

Même cérémonie le lendemain, à quelques détails près, que je supprime pour éviter au lecteur l'ennui qu'ils m'ont causé. Vint le troisième jour, qui devait clore les exercices religieux. Dousa avait réservé pour la fin l'exhibition de ses ornements pontificaux. Son costume mérite d'être décrit. Après avoir déposé sa capote thibétaine et son ample colback, il se revêtit d'un justaucorps en coton colorié, attacha devant lui un tablier à peine grand comme un mouchoir de poche, suspendit un coutelas à son côté droit et un poignard dans le fourreau sur sa hanche gauche, ceignit une écharpe en peau de cerf, et se para l'épaule droite d'une longue épaulette en poils de chèvre teints d'un rouge éclatant. La pièce la plus curieuse était une large courroie, semblable à celles que nos tambours passent en sautoir pour y suspendre leur caisse. Quatre rangées de grosses dents de tigre la couvraient d'un bout à l'autre, et quatorze grelots ajoutaient à cette parure un carillon complet. Quand Dousa eut endossé cet étrange baudrier, il ramena le paquet d'instruments derrière le dos, fit un saut pour s'assurer que tout était en place et bien assujetti, après quoi il orna sa tête d'un large bandeau garni de coquillages, et lia à la touffe de ses cheveux, ramassés sur l'occiput, un plumet mobile qui tournait comme une girouette au moindre mouvement. La toilette était finie ; le vacarme commença. Tout ce que je pus comprendre à ce tapage assourdissant et à ces bonds désordonnés, c'est que le prêtre donnait la chasse aux mauvais génies. Qu'on se figure, au milieu de la nuit et pour une cérémonie funèbre, ce costume bizarre, ces dents de tigre mêlées à des coutelas, ce panache à mille couleurs, ce cliquetis de coquillages et de sonnettes, cette danse fantastique d'un énergumène au milieu de spectateurs ébahis, et l'on aura une idée de la scène que j'avais sous les yeux, on devinera ce qu'est une horde sauvage vivant dans les forêts.

Parmi les exercices variés dont je fus témoin, il en est un que je rapporterai, parce qu'il n'est peut-être qu'une tradition altérée de nos rites chrétiens. Le génie venait d'être chassé, tous les feux étaient éteints, et la porte du logis soigneusement close. Un homme se suspendit à une poutre par les pieds et battit le briquet. Il ne touchait pas terre, comme pour indiquer que la lumière vient du ciel. Quand on eut allumé un flambeau, on me dit : « Maintenant que nous avons du nouveau feu, vous pouvez sortir. »

FIN DU VOYAGE DE M. KRICK.

RELATION

D'UN

VOYAGE CHEZ LES ABORS

EN 1853

CHAPITRE PREMIER.

Voyage chez les Abors. — Difficultés de connaître leur pays. — Vaines tentatives des Anglais pour y pénétrer. — Cérémonies qui accompagnent ma réception. — Séance générale à mon arrivée. — Opinion superstitieuse de ce peuple sur l'origine des maladies. — Ma réputation de médecin. — La défiance contre le médecin et le missionnaire d'Europe, semée dans les esprits. — Description d'un incendie. — Superstitions pratiquées pour l'éteindre et pour chasser le génie du feu. — D'autres accidents arrivés dans le village sont attribués à ma présence. — Mon expulsion est résolue. — Le départ. — Le village Mimbo.

Monsieur [1], j'ai envoyé à M. Foucaud la relation de mon voyage au Thibet ; je vous adresse aujourd'hui celle d'un voyage moins long et

[1] Cette relation est adressée à M. le docteur Bousquet.

moins périlleux, que j'ai exécuté chez les Abors ou Padams.

Comme aucun Européen n'a pu être admis dans l'intérieur du pays, il est difficile d'en connaître la géographie. Vous le savez très-bien, pour être à même de donner des renseignements certains sur un peuple, il faut le pratiquer longtemps, l'étudier dans ses foyers et parler sa langue.

Cette observation est surtout vraie lorsqu'il s'agit d'une tribu sauvage telle que celle des Padams, qui ne connaissent pas même les premiers rudiments des sciences les plus communes, qui n'ont pas de langue écrite, et affectent de se tenir le plus loin qu'ils peuvent de tout commerce avec leurs semblables. Impossible à moi de vous en parler pertinemment, quoique je sois le seul étranger qui ait vécu si longtemps au milieu d'eux. Depuis vingt-neuf ans que les Anglais occupent Assam, plusieurs envoyés de la Compagnie essayèrent d'y pénétrer, dans le but d'ouvrir, si cela était possible, une voie de commerce avec le Thibet, et pour s'assurer si le Siang, connu par les Anglais sous le nom de Dihong, est réellement le fameux Zang-po qui traverse le Thibet de l'est à l'ouest, et qui a déjà tant occupé les géographes des derniers siècles. Mais les Padams connaissaient le *Timeo Danaos et dona ferentes*. « Si nous laissons, disaient-ils, entrer un Anglais sous quelque prétexte que ce soit, il sera bientôt suivi d'une armée. » Or, pour eux, toute peau blanche, tout nez un peu saillant est un Anglais. Aussi c'est avec bien de la peine qu'ils se décidèrent enfin à me recevoir. Ma croix tout à fait semblable à la leur, ma réputation de prêtre français, me servirent de passe-port.

Ma réception fut accompagnée de cérémonies assez curieuses pour trouver place dans ma lettre.

Dix-huit jeunes gens vinrent me recevoir au pied de la montagne. J'avais à peine ouvert la marche, lorsque les deux plus jeunes de la compagnie couvrirent mon corps de feuillage, en chantant des mots tout à fait inintelligibles. C'était pour me purifier et me délivrer de toute puissance diabolique. Cet exorcisme fut suivi d'un autre plus menaçant. En sortant de la forêt, je dus passer sous une arcade hérissée de flèches, d'arcs, de diableries, de monstres renversés et percés de flèches. L'appareil était terrible, mais il ne s'agissait de rien moins que de faire sortir de mon corps tous les démons qui avaient osé franchir la première barricade. Les femmes se tenaient debout sur le seuil de leurs portes pour me voir passer. Ce fut au milieu de cette foule de curieux, aux cris des enfants et aux aboiements des chiens, que je fus conduit à la maison commune, où tous les hommes m'attendaient. Mon entrée fut accueillie par les hourras les plus sauvages et les plus étourdissants ; ils retentirent dans la salle comme une décharge d'artillerie. Aussi était-ce encore une dernière attaque livrée à tous les mauvais génies dont l'audace n'aurait pas été intimidée par les barricades : dès lors on pensa que le démon le plus opiniâtre n'oserait pas résister à ce tonnerre de cris qui faisaient tout trembler ; les espris ainsi rassurés, chacun ne songea plus qu'à satisfaire sa curiosité.

Je fus aussitôt entouré d'un cercle de curieux et de curieuses. Par trois fois, je fus obligé de sortir pour satisfaire l'avidité de la foule. Lorrain, avec son long poil, sa queue baissée, ses grandes oreilles pendantes, avait sa bonne part dans l'admiration de la peuplade. La foule tint la place toute la nuit ; les puces n'étaient pas moins curieuses de visiter ma peau. Avec tant d'hôtes, le sommeil ne put pas être bien long. Le lendemain, il y eut séance générale ; tout le village était convoqué. Les six chefs s'assirent en cercle au milieu d'une immense salle. Le président de ce sénat sauvage m'invita de prendre place à sa droite, et cacha ma tête sous un monstrueux casque en osier, surmonté d'un plumet de poil de chèvre teint en rouge et d'une grosse touffe de poil d'ours. Deux défenses de sanglier se croisaient sur le front : ce fut là le signal de l'ouverture de la séance. Après plusieurs discours, on procéda au scrutin. Les chefs se retirèrent pour délibérer : le vote me fut favorable. « Migom (roi), me dirent-ils, nous sommes convaincus que tu viens avec des intentions pacifiques ; nous te permettons de t'avancer dans l'intérieur des terres. »

Mais comme j'attendais l'arrivée d'un nouveau confrère qui devait m'accompagner, je demandai la permission de l'attendre. « Oui, oui! s'écrièrent-ils tous d'une voix, et si tu guéris nos malades, nous te garderons toujours et te bâtirons une maison. » Pour me prouver qu'ils ne parlaient pas en vain, les chefs m'assignèrent sur-le-champ le corps de garde pour domicile. A peine étais-je installé, qu'ils vinrent me prier de guérir leurs malades; car je m'étais annoncé comme prêtre, et par là même je devais être médecin. L'unique médecine pour ce peuple, c'est la religion. Point de chirurgie, point de remèdes; les simples ne sont pas même employés.

Tout cela, suivant eux, est parfaitement inutile, puisque toute maladie intérieure ou extérieure est directement causée par un mauvais génie ou par un bon génie irrité. L'unique remède est donc l'exorcisme : il faut chasser le mauvais génie ou apaiser le bon par des sacrifices. Le prêtre devient donc le seul médecin. Si le malade résiste à ces superstitions, c'est que le génie n'a pas son pareil pour la méchanceté et la puissance; voilà le secret des maladies mortelles. Pendant que je vous parle, ma chambre s'est changée en l'hôpital des incurables : c'est une jeune femme dont le bras est rongé par un affreux ulcère. Je l'interroge sur l'origine de son mal : « Depuis quand as-tu ce mal? — Il y a trois ans, je tuai un rat ; mon mal date de cette époque. »

Plus loin, c'est un jeune homme scrofuleux, les jambes enflées, tout son corps est couvert d'ulcères; c'est un vrai squelette qui se meurt. « Et toi, lui dis-je, y a-t-il longtemps que tu es malade? — Migom, j'étais gros et gras, fort et vaillant guerrier; mais l'année dernière j'allai à la guerre, le mauvais génie s'est saisi de moi et me conduit à la mort. » Un troisième malade avait le ventre ballonné; une femme me présente son bras couvert d'ulcères; partout ce n'est que misère. Tous ces malades rassurent bien peu ma science de médecin, et effrayent ma pharmacie, encore plus pauvre que mon savoir. Cependant Dieu permit que plusieurs des plus malades parvinssent à une complète guérison. Dès lors on ne jura plus que par l'Hippocrate français. Chacun voulait être malade pour avoir le plaisir d'être guéri par un homme aussi docte. Il ne fallait plus prétexter mon impuissance à guérir certaines maladies; si je ne les guérissais pas, c'est que je ne le voulais pas. Bon gré mal gré, je devais leur donner des remèdes, ne fussent que quelques gouttes d'eau. Quelque purgatifs, un peu de cérat, des soins avaient opéré toutes ces merveilles. L'enthousiasme était tel qu'ils voulaient me porter triomphalement sur leurs épaules. J'avais beau leur dire que le Dieu tout-puissant avait donné la vertu de guérir aux remèdes que j'employais, je ne trouvais que des incrédules. Selon eux, toute ma puissance était dans le contact de ma main; aussi ils ne cessaient de me répéter : « Tu es le plus puissant Dondaï (prêtre), aucun génie ne peut lutter contre toi; c'est ta main qui guérit tout. »

La conséquence pratique de ce raisonnement était que je devais mettre la main à tout, même aux plaies les plus dégoûtantes. Pas de repos possible : à chaque instant on accourait à ma demeure, et c'était toujours même refrain : « Père de la médecine, venez vite. » Dès le matin je sortais pour faire la visite de mes malades, et je ne rentrais qu'à midi, épuisé par la fatigue.

Cependant ma grande réputation faillit me

devenir fatale. J'entendis un soir un grand bruit dans la maison commune. Le lendemain, dès que le jour parut, le président se hâta de m'en donner la raison :

« Migom, dit-il, des Méris (tribu située dans la province d'Assam et soumise au gouvernement anglais) ont fait courir le bruit que tu es un espion anglais et qu'il faut se méfier de ta puissance, car tu peux, dit-on, par le seul acte de ta volonté, changer en poison notre nourriture. Si nous te gardons, il arrivera un grand malheur au pays. La nuit dernière, les habitants voulaient absolument mettre le feu à ta maison; mais je leur ai opposé toute mon autorité, et leur ai promis de te faire partir. » Il n'y avait pas à délibérer; le départ fut fixé au lendemain. Mais vers les dix heures du soir, un autre chef vint à la tête d'une députation d'hommes, qui ne regrettaient que ma médecine. Le chef avait la parole : « Migom, nous avons enfin fait comprendre à tout ce monde sot et peureux tout le ridicule de leur pusillanimité, et qu'au lieu de te chasser il fallait te garder pour guérir nos malades. Au reste, n'es-tu pas notre père? N'est-ce pas toi qui, dans une époque déjà bien éloignée, nous a apporté le bienfait de la croix. Tu reviens à nous, après avoir parcouru le monde entier. Quand tu posséderas bien notre langue, qui sait si tu n'auras pas de nouveaux bienfaits à nous communiquer? Reste donc avec nous; c'est aujourd'hui le vœu de tout le village. »

Mais le démon, qui n'a pas de plus mortel ennemi que le missionnaire, ne se tint pas pour battu. Le surlendemain le feu prit au village, tandis que tout le monde était dans les champs. J'accourus, et quelle surprise! sur chaque maison j'aperçois un ou deux hommes armés de longs sabres et s'escrimant à tuer le génie du feu: « A l'eau! » m'écriai-je; mais le combat avec le génie était trop acharné pour qu'ils puissent m'entendre. Les femmes admiraient la vaillance de leurs maris; je les force à porter de l'eau, et lorsqu'elles voient que l'eau fait reculer l'incendie, elles courent d'elles-mêmes au ruisseau. Les Don Quichotte, fort surpris de voir que l'eau a plus de puissance que leurs coups de sabre, quittent leurs armes pour combattre avec des pots à eau. Grâce à cette eau, deux maisons seulement furent incendiées. Je fus proclamé le héros de la journée; tous reconnurent que le génie du feu redoutait les aspersions. Quelques-uns voulurent néanmoins me faire une querelle pour n'avoir pas prévu et prévenu l'accident. Mais il fallait empêcher le génie du feu de sortir du théâtre de l'incendie. Pour cela, les maisons brûlées furent aussitôt enfermées dans une clôture présentant de tous côtés des épouvantails au génie du feu. Malgré toutes ces précautions, il était à craindre que le génie n'eût pris domicile dans quelque coin du village. Aussi, dès le lendemain, les hommes, armés jusqu'aux dents, battent la générale, poussent d'affreux hurlements et chassent le génie jusque dans les jungles. Les deux familles dont les maisons avaient été brûlées furent exilées pour un an; car si par malheur un membre de ces familles entrait dans l'année dans une maison, celle-ci n'échapperait pas aux flammes. Il est inutile de vous dire que tous ces accidents étaient attribués à ma présence. La perte de deux mitous (vaches sauvages), que fit mon plus proche voisin, accrut encore la défiance du public. Cependant leur embarras était grand : d'un côté, ils trouvaient en moi un ami disposé à tous les sacrifices pour soulager leurs misères spirituelles et corporelles; d'un autre, la peur combattait l'attachement qu'ils avaient pour moi. Les diplomates du village ne souffraient qu'avec peine que je fusse si rapproché d'Assam; de mon côté, je temporisais, j'incidentais pour donner à M. Bourry, mon confrère, le temps de me rejoindre.

Enfin, le vendredi saint, tous les chasseurs s'étaient réunis chez moi pour un rendez-vous de chasse. Lendemk, le grand chef, me dit : « Je te donne l'ordre de partir dès demain. — Soit; j'étais venu pour vous aimer et vous faire du bien, mais puisque vous refusez mes bienfaits, je les porterai ailleurs. — Oh! ce n'est pas là ma pensée, s'écria-t-il; il ne faut pas prendre mes paroles à la lettre. Reste encore quelques jours, car s'il arrive un accident, on ne manquerait pas de m'accuser. — C'est précisément cette raison qui me détermine à partir; car le premier malheur qui frappera le village, vous me l'attribuerez. » Je m'entendis donc avec le chef président pour chercher un passage direct au Thibet pour la prochaine saison. Le lendemain, avant de partir, je visitai mes malades, je pansai leur plaies; puis je me mis aussitôt en route. Ibang, second chef, était mon guide. Mon âme était bien triste; mais mon corps éprouvait le besoin de secouer au grand air les innombrables puces qui me dévoraient. La nuit nous dressâmes la tente dans la forêt, qui fut battue toute la matinée par un violent orage. Je jetai alors un dernier regard sur le village Mimbô que je venais de quitter. Je pris la hauteur du soleil; j'eus, le 11 mars 1853, 115° 44'. N'ayant pas la déclinaison pour ce jour, je ne pus faire le calcul. La longitude est à peu près 95° 20' Greenwich.

La montagne présente un vif ornement, et c'est là que le village s'élève en amphithéâtre, à une hauteur de deux cents mètres au-dessus de la plaine d'Assam. Il est enfermé dans une ceinture de montagnes d'une hauteur prodigieuse. A l'ouest apparaît le cône de l'Oréga, qui est le rendez-vous de tous les génies du pays. C'est la montagne sacrée. La petite rivière Sikan coule de l'est à l'ouest au pied de la montagne. Le sud donne vue sur la plaine d'Assam et laisse apercevoir le fameux Siong ou le Dihong des Assamiens qui réfléchit au loin les rayons du soleil.

Un mot maintenant sur la race à laquelle se rattache les Padams, et sur les signes surprenants que j'ai rencontrés chez eux.

CHAPITRE II.

A quelle race appartiennent les Padams. — Leur origine racontée par eux-mêmes. — Les quatre espèces de croix portées par ce peuple. — Son opinion sur le sens et l'origine de ce signe. — Conjectures à ce sujet. — Costumes. — Ornements. — Armes. — Gouvernement. — Soldats. — Culture. — Architecture. — Commerce. — Mœurs. — Hospitalité. — Religion. — Extrême superstition de ce peuple. — Sacrifices qu'il s'impose pour apaiser les démons. — Caractère du Padam. — Quelques mots de sa langue.

Les Padams tiennent le milieu entre la race mongole et la race caucasienne. Ils sont imberbes, ont les cheveux et les yeux noirs, la peau basanée, l'orbite de l'œil à angle droit avec la base du nez, le nez court, le front plat, la figure large, les pommettes un peu saillantes et la taille moyenne. Voici comment ils racontent leur origine ; « Dieu descendit du ciel sur la terre, lorsqu'elle était encore à l'état de boue; il en prit un peu et en forma deux frères et deux sœurs. Les Padams descendent de l'aîné, et la tribu des Miris descend du cadet. Ils sont la tribu privilégiée, vivent dans l'abondance, et ne peuvent être vaincus dans les combats. »

Les hommes depuis l'âge de dix-huit ans portent un tatouage qui, à mon avis, est évidemment d'origine chrétienne. Les uns, et c'est le plus grand nombre, ont au milieu du front une croix de Malte parfaitement formée, couleur noir bleu indélébile ✠ ; d'autres ont la croix ordinaire †. L'arbre descend le long du nez et les branches se croisent sur le front. D'autres enfin ont la croix de Lorraine, ‡ c'est-à-dire dont l'arbre est croisé sur le front et sur le nez. Quelques-uns portent aussi celle de Malte sur le milieu des deux mollets. Les femmes ont la croix de Malte sur le milieu de la lèvre supérieure, et toutes ont sur les jambes la croix de Lorraine, ayant de chaque côté deux croix de Saint-André, comme le montre la figure ci-jointe : XX‡XX.

Sur le menton les hommes ont ordinairement trois lignes perpendiculaires et parallèles; les femmes en ont cinq ou sept et quatre sur la lèvre supérieure, deux de chaque côté de la croix, et le tout est encadré dans une parenthèse.

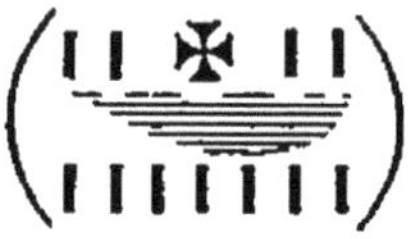

Je les ai souvent interrogés sur l'origine et le sens de ces signes. Les uns me répondirent que Dieu en les créant leur donna cette marque pour qu'ils fussent reconnus comme la tribu aînée. D'autres affirmaient avoir emprunté ce tatouage à une tribu située au nord. Plusieurs avouèrent leur ignorance sur son origine ; mais tous s'accordaient à dire que c'est le signe de Dieu, qu'il est bon de le porter, « car celui qui « en est marqué, disaient-ils, est reconnu et « protégé de Dieu ; s'il meurt, il est reçu dans « le ciel. — Et celui qui n'aurait pas ce signe, « ajoutai-je, où irait-il ? — Dieu est irrité contre « lui, et ne saurait le recevoir. » Ce signe n'est porté que dès qu'on est parvenu à l'âge de quinze à dix-huit ans.

Qu'il nous soit permis d'émettre notre pensée sur l'origine de ces signes. Je crois, avec tous ceux qui ont vu les Padams, que c'est la croix chrétienne; car 1° c'est le seul tatouage qu'ils aient sur le corps : 2° la forme de ce signe est en tout conforme aux quatre croix : l'ordinaire, celle de Malte, de Saint-André et de Lorraine ; 3° le sens qu'ils y attachent confirme puissamment nos conjectures. Mais que signifient ces lignes perpendiculaires et parallèles, toujours au nombre de trois, de cinq ou de sept, qu'ils portent sur le menton ? Le nombre trois ne serait-il pas une réminiscence de la Sainte-Trinité ; celui de cinq, des cinq plaies de notre divin Sauveur ; celui de sept, des sept sacrements ? Le nombre de quatre qu'ils portent sur la lèvre supérieure rappelle probablement aussi quelques vertus ou mystères.

Quand donc ces signes auraient-ils été donnés à ces tribus ? Le père Athanase Kircher, dans un in-folio : *La Chine illustrée*, parle de différentes missions qui eurent lieu au Thibet, dans la Chine et la Tartarie, depuis saint Thomas apôtre. Son livre fut imprimé à Amsterdam en 1665. Il donne une carte, grossièrement dessinée, mais assez exacte cependant pour les principaux lieux. On y voit la route que suivirent les pères François Dorville et Jean Grabère de Peking à Goa par la Chine, la Tartarie, le Thibet et le Bengale. Ces pères passèrent en venant de Lassa vers le nord des Padams, et ils nous apprennent que c'est à la ville de Radoc, dans le royaume du Thibet, que finit le voyage du père Andrada. Ils trouvèrent dans ce pays certaines traces évidentes de christianisme, qui prouvaient invinciblement que la foi avait été prêchée à ces peuples. Ils parlent de trois hommes qui portaient les noms de Dominique, François et Antoine. En 1826, le colonel R. Wilcox trouva la croix chez les Padams, fit des recherches sur l'origine de ce signe chrétien, et trouva dans l'Indoustan une carte sur laquelle on lisait que dès le douzième siècle il existait une mission au sud du Thibet, dans une tribu appelée Shokhaptra. Or, je suis allé au Thibet par son extrémité sud-est, et je n'y ai trouvé aucun indice de notre sainte religion. Plusieurs voyageurs y ont pénétré par le sud-ouest et n'ont rien découvert. Il est donc très-possible que les Shokhaptra soient au sud du Thibet, du côté des Padams ; car ceux-ci m'ont souvent dit qu'il existait au nord, avant d'arriver au Thibet, une tribu qui ne communique pas avec eux, et que c'est de là que leur venait ce signe qu'ils portaient. Les Padams sont voisins de cette tribu. Frappés de l'intérêt que ce peuple attachait à la croix, ils l'auront prise sans trop en pénétrer le sens. Peut-être aussi le missionnaire, pour graver plus avant dans ces esprits et ces cœurs incultes les vérités de la foi, aura-t-il lui-même conseillé ce tatouage, ou bien encore ce peuple, prévoyant que la mort du missionnaire les laisserait sans pasteur, aura voulu conserver d'une manière ineffaçable le précieux dépôt de la foi.

J'ai rencontré un Thibétain marqué de ce signe ; lorsque je lui demandai où il avait appris à le porter, il me montra le pays des Padams, et me répondit qu'il l'avait reçu des montagnards sauvages.

Le costume, le gouvernement, les mœurs et les habitudes de ces peuples, ne seraient peut-être pas sans intérêt pour un Français ; aussi je consacre volontiers quelques lignes pour vous donner quelques détails sur ce point.

Je parlerai peu de leur costume, car il est en général d'une simplicité par trop sauvage ;

cependant celui que les hommes portent quelquefois mérite d'être décrit.

Il se compose de onze pièces : 1° un linge autour des reins ; 2° une grande capote qui descend jusqu'au talon, ouverte devant sans boutons ni ceinture, parsemée d'étoiles assez éclatantes ; 3° une cuirasse en poil de chameau, teinte en noir et fabriquée au Thibet, comme la pièce précédente, présentant une ouverture au milieu pour laisser passer la tête : elle tombe devant et derrière et doit protéger le buste contre les coups de lance ; 4° un casque en acier, surmonté d'un panache en poil d'ours et de chèvre, acheté aussi au Thibet et teint en noir ; sur la partie antérieure du casque se croisent deux défenses de sangliers, comme les deux canons sur le shako des artilleurs ; 5° une arme tranchante qui tient le milieu entre la hache et le sabre, suspendue en bandouillère à une peau d'ours avec son poil ; sur le devant est une mâchoire en guise de plaque ; 6° un long sabre du Thibet ; 7° une petite hotte ; 8° un bouclier en bambou qui sert aussi de parasol et de parapluie ; 9° un arc et un carquois ; 10° une longue lame; 11° un petit sac en peau où ils mettent leur tabac, pipe et briquet, etc.

Tous, hommes et femmes, portent les cheveux courts et rasés à la hauteur de trois doigts.

Les femmes ont le cou chargé de colliers jaunes et les poignets de bracelets en fer ou en cuivre. Mais, ce qui est unique en fait d'ornements de femmes, ce sont leurs boucles d'oreilles, qui ne sont autre chose que des spirales en fer de l'épaisseur de cinq à six centimètres, très-longues, pesant suffisamment pour déchirer et allonger les oreilles jusqu'à ce que l'appareil repose sur les épaules.

Les hommes n'ont qu'une espèce de collier en pierres, couleur bleu de ciel, d'une finesse au-dessus des communes. Ils y attachent le plus grand prix et le transmettent à leurs enfants; car ils prétendent l'avoir reçu immédiatement de Dieu. Quelques-uns portent dans les oreilles un étui en argent ou en bambou.

Les Padams ne sont pas nomades, mais possèdent de grands et beaux villages. Ils vivent sous une république démocratique et savent allier l'indépendance la plus absolue avec la plus stricte dépendance. Chaque individu ne relève que de lui-même. Mais s'il s'élève une question intéressant la tribu, les chefs du village Bor-à-Bor président dans l'assemblée convoquée à cette occasion, car c'est dans ce village, dit-on, que Dieu plaça l'aîné des deux frères qu'il créa.

Hors le cas que nous venons de citer, chaque village est indépendant et se gouverne lui-même. Il a sa puissance constituante, législative et son exécutive. Les femmes sont exclues de tout gouvernement et ne peuvent prendre aucune part à la politique, pas même toucher aux lieux où se tiennent les assemblées. Tout homme arrivé à l'âge de raison devient de droit membre actif de toute assemblée. A la tête de chaque commune, cinq ou six chefs élus par le peuple, et à vie, règlent les affaires majeures. Si l'un d'eux vient à mourir, son fils lui succède, s'il est capable; dans le cas contraire, il reste dans la bourgeoisie et on procède à une autre élection.

Le peuple fait la loi, le conseil la sanctionne, et le président la promulgue. Toute décision vient du peuple; les chefs n'ont que le droit de l'approuver et de la promulguer pour lui donner un caractère obligatoire. Ainsi, c'est le peuple qui propose, le conseil qui sanctionne, et le président qui promulgue.

Tous les soirs, les hommes se réunissent dans leur vaste maison commune, pour y publier le journal du jour, c'est-à-dire 1° pour se communiquer mutuellement ce que chacun a vu ou entendu dans la journée; 2° pour traiter les questions politiques mises à l'ordre du jour par l'un des chefs; 3° pour décider ce que le village fera le lendemain, car chacun n'est pas libre d'employer sa journée comme il le voudra; son travail du jour doit être d'abord discuté, décrété par la majorité des voix et officiellement promulgué. Tous les soirs à dix ou onze heures, des enfants de douze à seize ans parcourent le village en criant de toute la force de leur voix : « Demain, chasse aux tigres; ou, demain, pêche; demain, travail aux champs; demain, guéna, c'est-à-dire défense de travailler. »

Chacun se conforme à l'ordre du jour avec une admirable soumission et la plus stricte exactitude; car ce peuple est aussi soumis, aussi respectueux pour les lois et l'autorité qu'il est fier de sa liberté. Traiter un Padam d'esclave, c'est une injure telle que le montagnard grince aussitôt des dents et se hâte de porter la main à son carquois. La maison commune sert aussi au lieu de réunion pour les assemblées convoquées extraordinairement pour les grandes circonstances, telle que fut mon arrivée. Quelquefois, et surtout les jours de pluie, elle se transforme en une salle d'ouvroir ou de causerie. Chacun y apporte son travail et s'occupe tout en se récréant. La tribu a son armée ou sa garde civique, composée de jeunes gens parvenus à l'âge de dix-sept à dix-huit ans. Tous couchent à la caserne, à l'exception de ceux qui sont mariés. Ce peuple est chasseur par goût et cultivateur par raison. Cependant il cultive très-bien. Les chemins sont bordés de plantations d'arbres à fruits. Pour tout instrument aratoire, ils n'ont que leurs bras et leurs mains, et pour moyen de transport leurs dos. Cependant leurs greniers sont remplis de riz, de gommes, de maïs, de bobossa et plusieurs autres graines.

L'arc est leur arme favorite, qu'ils emploient avec une adresse merveilleuse. C'est leur *vade-*

mecum; c'est le premier jouet de l'enfant qui s'amuse à tirer du matin au soir. Ils empoisonnent leur flèches.

Les arts, les métiers sont à peine connus. Les femmes filent en grossier fil un coton qu'elles tissent sur un appareil qui ne mérite pas le nom de métier. L'ouvrier en fer n'est ni maréchal, ni serrurier. Il a une pierre pour enclume, un bambou pour soufflet, et son travail est aussi imparfait que ses instruments.

L'architecture n'a pas encore eu ses grands maîtres. Des planches rabotées à la hache composent le plancher et les cloisons de la hutte du Padam qui la couvre avec des feuilles de bananier. L'intérieur est si sombre qu'il faut y marcher à tâtons. Mais si les maisons des Padams sont grossières, leurs ponts méritent toute notre admiration. Ils sont solides, construits avec des rotins tressés à jour, et si élastiques qu'ils plient et se relèvent avec une merveilleuse docilité sous les pieds du voyageur.

Leur commerce est à peu près nul. Les animaux domestiques sont : 1° le miton ou vache sauvage, qu'ils ont à l'état apprivoisé : il ne sert que pour la table ; 2° le cochon, petite race noire, en grande estime chez le Padam ; 3° la poule ; 4° le chien, petit, maigre, mais alerte pour découvrir le gibier.

Le riz et les herbes, qu'ils mangent sans sel ni beurre, sont la base de leur régime alimentaire. La viande et surtout le poisson sont tout à fait de leur goût. L'eau de riz ou de bobossa fermenté sert de boisson ; l'eau pure n'est pas connue pour cet usage.

Le Padam est naturellement hospitalier. Le voyageur, pour lier amitié, doit d'abord faire un présent à son hôte ; mais ce qui la cimente et la sanctionne pour toujours, c'est la table. Dès que vous avez mis la main au plat, vous devenez amis jusqu'à ce que le soleil tombe, comme s'exprime le sauvage.

Le respect pour la vieillesse est poussé très-loin et surpasse tout ce que l'histoire nous raconte de l'ancienne Lacédémone. Les vieillards sont exempts de tout travail. Ils forment une classe à part. Pendant que les jeunes gens travaillent à la campagne, ils se réunissent dans la maison commune pour y faire des festins. Rien n'est plus à craindre que la malédiction d'un vieillard. En entrant un jour chez le chef Leudouck, je vis un vieillard qu'il avait fait appeler pour son enfant malade. Je lui demandai si c'était un prêtre. « Non, dit-il, mais les paroles d'un vieillard sont une puissante bénédiction. La divinité leur communique quelque chose de divin. » Chez le Padam la vieillesse est donc une condition désirable. C'est elle qui donne les prêtres, c'est elle qui a tous les honneurs et tous les pouvoirs.

Dans mes voyages j'ai rencontré bien des peuples superstitieux, mais les Padams les surpassent tous. Chez eux, tout se fait, tout s'explique par l'intervention d'un être invisible. Ils comptent les génies par millions. Chaque forêt, chaque arbre un peu gros, l'eau, surtout quand elle tournoie ou murmure dans sa chute, les montagnes, les villages, tout est rempli de génies, bons ou mauvais, petits ou grands, faibles ou puissants. Ils en ont une peur telle que rien ne peut les porter à violer ce qu'ils regardent comme la manifestation de leurs volontés. Si une pierre se détache de la montagne, si une feuille tombe de l'arbre, c'est un génie qui voyage; si le vent souffle dans la forêt, ce sont les génies qui prennent leurs ébats; si le bruit devient fort, si les arbres tremblent, il y a querelle entre les déo ou génies.

Les prêtres sont continuellement occupés à apaiser les bons génies et à vaincre les mauvais. L'âme survit au corps et reçoit dans une vie future la récompense de ses vertus ou le châtiment de ses crimes.

Les prêtres et les prêtresses seules ont le pouvoir d'offrir des sacrifices et de communiquer avec les Esprits. C'est Dieu qui choisit les prêtres dans tous les rangs et qui leur donne la mission. Les merveilles qu'un homme opère, les événements qu'il prédit sont les marques de son élection divine à la prêtrise. Le prêtre chasse les génies et les force à rendre l'âme aux mourants. Voici comment s'exécute cette dernière cérémonie.

On chante, on crie, on psalmodie toute la nuit auprès du malade. Le prêtre officiant, armé d'un grand sabre, danse à perdre haleine, et sans cesser de pivoter avec rapidité il jette au hasard une poignée de riz dont les grains vont chercher l'âme du souffrant. L'habile danseur, au moment où les grains retombent sur le fer du sabre, saisit l'âme à son passage, la montre fièrement aux assistants sous la forme d'un jeune oiseau sans plume et court la lier sur le sommet de la tête du malade. Si l'âme rentre dans le corps, le malade ne mourra pas ; mais il est perdu sans ressource, si l'oiseau se détache de lui-même et prend son vol avec des plumes et des ailes qui lui croissent en un instant.

Ils rencontrèrent chez moi beaucoup d'incrédulité, quoiqu'ils affirmassent avec serment que toutes leurs paroles étaient la pure vérité. « Nous avons été souvent, disaient-ils, témoins des faits que nous te racontons, et nous ne comprenons pas qu'étant prêtre tu puisses douter de ces faits, puisqu'ils sont au pouvoir de tout prêtre. La première fois que le village aura un malade, nous te conduirons auprès de lui, et tu verras la vérité de tes yeux. » Ce qui paraît plus certain et plus positif, ce sont les pénitences et les privations que ce peuple s'impose pour apaiser ou pour se rendre les génies favorables. Ils ne reculent devant aucune mortification, aucune œuvre pénible, si ce n'est celle de visiter les malades ; car voir un malade, avoir affaire avec lui, c'est s'exposer à la dent du mauvais génie.

Lorsque j'étais à Mimbô, les habitants allèrent couper des rotins pour faire un pont ; mais avant tout on offrit un chien au génie de la montagne, afin que pendant qu'il était occupé à manger le friand morceau, il n'eût pas le temps de se livrer à la colère. Le pont achevé fut placé sous la tutelle d'un bon génie qui reçut force sacrifices. Pour se montrer plus généreux encore, tout le village fit *guéna*, c'est-à-dire chôma trois jours, en l'honneur des génies. Pour un mort, il y a trois jours de chômage ; pour un enfant mort en naissant, deux jours, et un jour pour un chien mort très-placidement et de mort naturelle, car le chien est la victime agréable aux *déo*. A la naissance d'un enfant, toute la famille devient impure pour un nombre de jours plus ou moins grand, selon que le nouveau-né est une fille ou un garçon.

Les mariages n'ont lieu qu'entre adultes de

dix-huit ans au moins; quelquefois cependant la famille de l'époux reçoit chez elle la fiancée à un âge moins avancé, qui devient alors comme un enfant de la maison. Pendant les cinq ou six premières années du mariage, l'épouse continue à habiter chez ses parents, à moins que dans cet intervalle il ne survienne une famille qui réclame un ménage à part.

Si les parents n'approuvent pas l'alliance, la fille peut les quitter et conclure le mariage, qui n'en est pas moins légitime.

Le Padam est très-actif, gai, libre et indépendant, noble de sentiment, généreux, franc et ouvert, moins voleur que ses voisins, peu sobre dans le boire et le manger, au moins pour la quantité.

Je n'ai pas vécu assez longtemps au milieu d'eux pour être à même de porter un jugement sur leur moralité. J'avoue que je n'ai jamais pu découvrir en quoi consistait pour eux la modestie; mais c'est un peuple qui tient beaucoup de la simplicité de l'enfant, et Mimbô est assurément moins corrompu que Paris. La danse est l'exercice corporel que ces peuples affectionnent par dessus tout.

Je vous envoie quelques mots de leur langue.

Homme. — Ammié.	Toi. — No.
Femme. — Mimeu.	Lui. — Bü.
Mâle. — Milbong.	Nous. — Gnolou.
Femelle. — Neng-eu.	Vous. — Nolou.
Jeune homme. — Jamé.	Ils. — Boulou.
Jeune fille. — Mimmoumeu.	Moi au génitif. — Gnok.
Vieillard. — Midjing.	Toi. id. — Nok.
Vieille femme. — Eudjo.	Lui. id. — Bük.
Ami. — Sangué.	Moi à l'accusatif. — Gnom.
Bois. — Isching.	Toi. id. — Nom.
Eau. — Assi.	Lui. id. — Büm.
Du riz cuit. — Amu.	Maison. — Eukoumeu.
Feu. — Umeu.	Soleil. — Domié.
Moi. — Gno.	Lune. — Palo.

Je t'aime.	— Nom aïang.
Pourquoi as-tu peur?	— Kapilla pussoié?
Viens vite.	— Soallabangmenu.
Vas-t'en.	— Guiguéto.
N'aie pas peur.	— Peussu menpeka.
J'ai faim.	— Kenodak.
Donne-moi de la viande.	— Adine bi.
Comment t'appelles-tu.	— Nok amine eukoa.

Pour satisfaire le juste intérêt qu'excite l'intrépide voyageur apostolique, nous allons insérer ici les dernières nouvelles envoyées par lui au séminaire des Missions-Étrangères. Voici ce qu'écrivaient aux conseils de l'œuvre de la propagation de la foi les honorables directeurs de cet établissement.

« A son retour du pays des Abors, M. Krick fut attaqué d'une fièvre si violente qu'en moins de douze heures il fut réduit à l'extrémité. Plusieurs mois après il nous écrivait : « Suc« comberai-je à cette maladie, ou en revien« drai-je? c'est un doute que je ne puis décider. « Je voudrais avoir pleine santé pour me re« mettre en route avec M. Boury, mon cher « confrère. Tout le monde, même le docteur, « me dit que je ne me rétablirai qu'en sortant « pour quelque temps d'Assam. Mais je leur « réponds que si j'en sors ce sera pour le Thibet « et non pour le Bengale : si je meurs, un autre « me remplacera. Malgré les nombreuses dif« ficultés de l'entreprise, je crois qu'avec le « temps il y a grand espoir... Assurez le Con« seil que nous ferons tout ce qui dépendra de « nous pour réussir, et que nous sommes prêts « à faire le sacrifice de tout, de la vie même « pour la gloire de Dieu. » Cette lettre est du 15 octobre 1853. Dans une autre, du 16 janvier, M. Krick nous dit : « Ma santé, grâce à

« Dieu, se rétablit, et je crois que je suis déjà « assez fort pour essayer une troisième tenta- « tive. Il faut espérer que, cette fois, ce sera « avec un résultat satisfaisant. Voilà trop long- « temps que les affaires traînent ; il me tarde « de vous annoncer notre entrée et notre de- « meure au Thibet. Quoiqu'il n'y ait que peu « de temps que je sois avec M. Boury, je puis « déjà le juger un excellent auxiliaire pour « notre entreprise. Sa robuste constitution s'est « un peu affaiblie, mais nous tâcherons de re- « trouver tout cela dans les Himalayas. M. Ber- « nard, qui est avec nous à Saï Kwoh pour « nous faire passer ce dont nous aurons besoin, « jouit aussi d'une bonne santé. Il est venu ce « matin un chef de sauvages qui veut me con- « duire au Thibet ; mais nous tomberions en- « core à Sommeu. Nous allons essayer deux « autres points : s'ils trompent notre attente, « nous accepterons l'offre de ce chef. »

« Par une autre lettre nous apprenons que M. Krick a pu le 19 février se remettre en route vers le Thibet, accompagné de M. Boury. Cette nouvelle tentative se fait comme la précédente par la tribu des Michemis et sous la conduite d'un chef nommé Kroussa, qui a promis de conduire ces chers confrères jusqu'au Thibet, et de leur servir de courrier une fois qu'ils y seraient installés. Le début de leur voyage n'a pas été heureux : « Aujourd'hui 24 février, nous écrit M. Boury, nous sommes arrêtés sur le sable à l'embouchure de la petite rivière Doura-Monk ; nos bateliers ne veulent plus avancer à cause des dangers du fleuve qui coule comme un torrent, et sur un lit tout de pierres qu'il a rapportées des montagnes. » Ce premier obstacle n'aura sans doute pas tardé à être surmonté.

RELATION

DE DEUX TENTATIVES FAITES PAR M. RENOU, DE LA SOCIÉTÉ DES MISSIONS-ÉTRANGÈRES, POUR PÉNÉTRER AU THIBET PAR L'EST (CHINE).

PREMIER VOYAGE.

Précautions à prendre contre la surveillance des mandarins. — Entrevue projetée avec le ministre de Lassa. — Ses dispositions bienveillantes. — Comparution du missionnaire devant le mandarin chinois. — Ordre de sortir du Thibet pour être reconduit à Canton. — Espérances que M. Renou emporte avec lui.

Messieurs et chers confrères [1], le résultat de mon voyage au Thibet vous est connu. Aujourd'hui que je suis de retour à Canton, je crois satisfaire à vos désirs en vous donnant quelques détails sur ma longue expédition.

Parti au mois d'août 1847, j'arrivai en septembre à Sy-fan, entrepôt général du commerce du Su-tchuen avec les Thibétains. La

[1] MM. les directeurs du séminaire des Missions-Étrangères.

présence de plusieurs mandarins, l'absence de toute famille chrétienne rendaient ce poste dangereux pour le missionnaire. Mais un passeport m'était nécessaire pour suivre la grande route *dite chinoise*. Je l'obtins sans me faire connaître, et huit jours après j'arrivai à Ly-tang, et bientôt je gagnai la principauté de Sa-tang, où je fus très-bien reçu en qualité de marchand. La prédication à ces peuples devenait impossible par la présence des mandarins chinois. Il fallait donc chercher un lieu qui fût à l'abri de leurs vexations, et me mettre en rapport avec les autorités thibétaines. La Providence semblait m'avoir ménagé l'occasion la plus favorable. Le premier ministre de Lassa, qui avait donné un accueil si bienveillant à MM. Huc et Gabet, n'était, dans ce moment, qu'à trois jours de Sa-tang. Un différend survenu entre deux chefs lama y avait réclamé sa présence et son intervention. Désirant le joindre à tout prix, et lui communiquer le but de mon voyage pour obtenir de sa bienveillante protection un lieu où je pourrais, sans danger, prêcher la bonne nouvelle à ces peuples, je me hâtai de quitter Sa-tang. Mais la crainte de la petite vérole, qui régnait dans le pays, détermina le premier ministre à changer de route. Ce ne fut là qu'une première déception. Encouragé par les gens du ministre qui me faisaient espérer que la rencontre tant désirée se ferait certainement dans un lieu peu éloigné, je poursuivais ma route avec ardeur lorsque tout à coup je me trouvai arrêté par un mandarin chinois qui me manda à son prétoire. J'étais trahi; et toutes mes espérances s'évanouissaient. Pendant que le petit mandarin demandait des instructions au commissaire impérial résidant à Lassa, on m'assigna pour prison l'auberge où je logeais, avec ample permission de visiter les lieux voisins. Pendant ce fâcheux contre-temps, le ministre arrivait au rendez-vous, et apprenait avec regret mon arrestation. Il manifestait hautement le désir de me retenir au Thibet; un chef lama offrait sa lamaserie pour me recevoir. Les livres thibétains furent consultés, et répondirent tous que le temps de l'établissement de la religion chrétienne au Thibet était arrivé, et que la fin du monde devait suivre la conversion des Thibétains. Mais l'ombrageuse politique du mandarin rendait inutiles ces heureuses dispositions, et prétextait la responsabilité qui pèserait sur lui si, pendant la route, quelque accident survenait.

Enfin arriva la fatale décision du commissaire impérial. Elle rappelait l'expulsion de MM. Huc et Gabet, et finissait par décréter que je devais aussi être reconduit à Canton. Force fut donc de reprendre la route du Sutchuen. Mon cœur était triste; les indigènes, qui sont loin de sympathiser avec les Chinois, me donnèrent, sur la route, de nombreux témoignages de leur attachement. Arrivé à Tcheû-Toû, je vis le mandarin Ky-choû; mais impossible de revenir sur la sentence du commissaire, elle est sans appel. Le 27 septembre 1848, après avoir traversé les capitales du Chen-si, de Hô-lân, Hou-pe, Kiang-si, j'entrais dans Canton. Le ministre de la légation française, M. Forth-Rouen, a protesté énergiquement contre mon arrestation. Cette protestation ne sera pas inutile; les audacieuses vexations des mandarins pourront devenir moins fréquentes.

Quelles sont donc les espérances qu'offre le

Thibet au missionnaire ? voilà la question à laquelle votre zèle me presse de répondre.

Je suis heureux de vous dire qu'elles sont grandes, et du côté des Thibétains et du côté des Chinois, dans tous les lieux qui n'ont pas de mandarins chinois pour gouverneurs. Mais, pour pénétrer dans le pays, la route chinoise expose le missionnaire à des dangers incessants; les chemins de traverse seuls lui sont ouverts, s'il veut éviter les vexations des mandarins. La voie par le Su-tchuen est plus sûre que celle du Yun-nan, qui ne peut mettre en communication avec le nord.

SECOND VOYAGE.

Départ de Canton. — Arrivée au Thibet. — Première halte. — Lamaserie. — Le Bouddha vivant, maître de langue de M. Renou.

Messieurs et chers confrères, l'insuccès de ma première tentative sur le Thibet ne m'a nullement découragé. Aussi, après avoir connu vos intentions, me suis-je dirigé avec joie vers le Yun-nan pour m'adjoindre M. Fage et tenter de pénétrer de nouveau dans ce Thibet confié au zèle de notre société. Je voulais attendre vos lettres et celles de Rome, mais pressé par mon guide de me mettre en route, je partis le 27 septembre dernier, accompagné de deux catéchistes, d'un marchand chrétien, petit-fils d'un exilé pour la foi, et de mon maître de langue. Nous présentions l'aspect d'une petite caravane marchande; car c'est comme marchands que nous devons pénétrer au Thibet : aussi avons-nous acheté plusieurs objets pour notre prétendu commerce.

Après onze jours d'un voyage heureux, nous traversions ces limites (celles qui séparent le Yun-nan des principautés thibétaines) que forme une muraille qui s'étend sur le haut d'une montagne, et le premier village que nous rencontrâmes sur l'autre versant était uniquement composé de Thibétains; c'est là qu'habite le chef thibétain du gouvernement de La-pou, qui comprend dix-huit districts. De La-pou à A-ten-tsê, on compte neuf jours de marche. Déjà nous en avions fait six, lorsque nous arrivâmes en face d'une vaste lamaserie, peuplée de cinq cents lamas. Nous les visitâmes. Au milieu d'eux était un homme d'une taille avantageuse, à visage expressif; c'était le Bouddha vivant de la communauté, qui en est déjà, dit-on, à sa septième incarnation. Il me salua fort honnêtement, m'adressa la parole en chinois, et m'invita à me rendre dans sa maison. Nous voilà de prime abord bons amis. Je lui montrai quelques objets qui lui plurent beaucoup; mais ce qui le ravit, ce fut une longue-vue que j'avais apportée avec moi. Il voulait à toute force que je la lui cédasse. Je lui répondis que s'il consentait à m'enseigner le thibétain, je lui en ferais cadeau, qu'autrement je ne la lui vendrais pas, quelque argent qu'il m'en offrît. Il y eut conseil avec les chefs de la lamaserie ; ma proposition fut acceptée ; un logement me fut préparé chez un lama, cousin du Bouddha vivant, et quelques heures plus tard je m'installais, avec armes et bagages, dans la lamaserie avec un de mes catéchistes, tandis que les deux autres continuaient leur route vers A-ten-tsê, pour y vendre leurs marchandises et prendre sur le pays les renseignements dont nous avions besoin.

Jusqu'à cette époque je n'avais point encore trouvé de véritable maître de langue, car ceux qui m'avaient précédemment donné des leçons, ou ignoraient la langue écrite, ou la savaient tellement mal, que les mots qu'ils m'ont tracés de leur main sont pleins de fautes. Cette fois j'ai rencontré un professeur capable, qui possède parfaitement sa grammaire thibétaine, et qui est très au courant des divers livres classiques, chose très-rare en ce pays. En effet, dans cette lamaserie de Teun-tchou-lin-in, parmi les cinq cents lamas qui la composent, très-peu comprennent les livres de prières que tous pourtant savent lire et réciter, et quatre seulement passent pour savoir la langue par principe et pour l'écrire correctement ; à leur tête est le Bouddha qui m'instruit. L'expérience de six semaines m'a donné la preuve de sa science et de son zèle. Nous passons tout le temps ensemble ; ses occupations n'étant autres que de boire, de manger et de consulter quelquefois les sorts, commerce du reste fort lucratif pour lui. Ses leçons m'ont fait voir la langue thibétaine sous un tout autre jour que je n'avais pu l'apercevoir jusqu'ici. Je commence à découvrir les règles de grammaire que j'ignorais absolument, et j'espère que je pourrai assez apprendre cet idiome pour traduire nos prières principales et les éléments de la Doctrine chrétienne : ce qui est surtout nécessaire pour le présent. Cependant je vais être un peu retardé dans cette étude, mon lama étant obligé de s'absenter. Mon temps ne sera pourtant pas absolument perdu ; j'ai à rédiger des notes sur ce que j'ai déjà appris, et à copier un Dictionnaire très-bien fait, que nous devons traduire ensemble à son retour. Son absence et celle de son cousin me procurent un bonheur que je n'avais pu avoir lors de ma première excursion au Thibet, celui de pouvoir célébrer la sainte messe. Le sang de la divine Victime a donc enfin coulé sur cette terre de superstition; puisse-t-il ne plus cesser d'y couler jusqu'à la fin des siècles !

Voilà donc en abrégé, messieurs, ma position présente. Quel sera l'avenir? Dieu seul le sait. Pourrai-je demeurer assez longtemps ici pour y terminer mon travail linguistique? Je l'espère, sans cependant pouvoir répondre de rien. Je suis en très-bonne harmonie avec tous les chefs de la lamaserie, mais tous ignorent qui je suis; aucun d'eux ne pense que je bats sur leur enclume des armes pour détruire leur règne d'ignorance et de superstition.

Voici mes deux hommes qui reviennent d'A-ten-tsê. Ils ont été pris pour des marchands. Les mandarins ont déclaré que des soldats, qui sont venus me visiter, avaient été envoyés par eux pour m'examiner; l'idée de voir en moi un Européen ne leur est pas venue, je crois; ils m'ont pris d'abord pour un mandarin envoyé secrètement par le gouverneur du Yunnan. Le petit commerce que mes gens ont fait à A-ten-tsê m'a fait passer pour un négociant qui veut s'établir au Thibet. Cette première épreuve traversée, il sera plus facile, à moi et à mes gens, de parcourir le pays. Mais avant de le faire, il faudrait avoir une résidence à A-ten-tsê. Mais où prendre les fonds nécessaires? Après un aussi long voyage que celui de Canton ici, vous ne serez pas étonnés si ma bourse va se vidant. Si les fonds arrivent à temps, nous pourrons faire quelque chose; sinon, il nous faudra battre en retraite en attendant de meilleures circonstances.

Je terminerai cette lettre en vous donnant quelques notions sur les noms et le gouvernement du Thibet.

Les Chinois appellent le Thibet Si-Tsang et Si-Fang les principautés thibétaines qui se trouvent comprises entre les deux provinces du Sut-chuen et du Yun-nan, à l'est et au sud-est et le royaume de Lassa à l'ouest. Le Thibet est désigné par les indigènes sous le nom générique de Pen. La différence bien tranchée qui existe entre la langue, les mœurs, le caractère de ces peuples et la langue et les mœurs des Chinois en font évidemment un peuple distinct qui exigera un enseignement, des livres, un clergé à lui propres, et cette mission ne pourra être fondue avec une mission de Chine. Du côté du Sut-chuen, lorsque l'on suit la route impériale qui conduit à Lassa, aussitôt que vous avez posé le pied sur le territoire de Mîn-tchen-sê, vous rencontrez un peuple en tout différent pour les mœurs et le langage et les habitudes de celui que vous venez de quitter. Demandez-leur de quelle nation ils sont, jamais ils ne vous répondront qu'ils sont des *Già*, qui signifie chinois dans leur langue, mais de la nation *Pen*. A partir de Mîn-tchen-sê, avancez-vous dans l'intérieur, dirigez-vous au nord, à l'est, à l'ouest, vous ne trouverez plus de différence essentielle pour la langue et les mœurs, et à la demande : « Qui êtes-vous ? » toujours la même réponse, c'est-à-dire : « Je suis de la nation de *Pen*.

Dès que vous dépassez le Ly-Kiang-Foû pour entrer dans Tchông-Tien ou dans Oui-sî, vous êtes chez les *Pen*, qui vous parlent la langue que vous avez entendue à Ta-Tsien-Loû, et à Lassa.

La division civile du pays Pen commença sous Kang-Hi et fut réglée sous Kouen-long; tout le pays Pen relève de la Chine. Tous les chefs civils et militaires, lamas ou laïques, doivent recevoir leur autorité de l'empereur chinois. C'est lui qui gouverne tous les pays, depuis Ta-tsien-lou jusqu'au Boutan, par des gouverneurs, des princes, etc., etc. L'intérieur du pays et l'ouest sont surveillés par un commissaire impérial qui est changé tous les trois ans.

LETTRE DE M. LATRY, m. ap.

Messieurs et chers confrères, dans la lettre commune que vous nous adressez pour nous faire connaître l'état de nos diverses missions, j'ai remarqué avec peine que toutes les tentatives faites pour entrer au Thibet avaient été infructueuses. Membres d'une même société, nous devons faire tous nos efforts pour remplir la mission que Dieu et notre saint-père le pape lui ont confiée. C'est pourquoi je désire vous soumettre quelques observations sur une nouvelle voie d'entrée au Thibet.

La Providence m'a placé à l'extrémité occidentale du Sut-chuen et de la Chine. Mon district se trouve à peu près par le 31e de latitude et le 101e de longitude. Au centre est la ville de Kouain-hién, bâtie sur le bord d'un grand fleuve, à l'entrée de cet immense pays de montagnes qui sert de frontière au Céleste-Empire. En remontant vers l'ouest la rivière, qui se divise en deux embranchements, on atteint, après une grande journée de marche, les terres de peuplades barbares qui occupent tout le pays séparant la Chine du Thibet.

En prenant l'embranchement qui se dirige vers le nord-ouest, vous arrivez chez les barbares, après quatre ou cinq jours de marche, à travers les montagnes. Cette voie est grande et fréquentée. C'est par elle que descendent constamment de nombreuses caravanes de barbares qui viennent à Kouan-hién, ou pour le commerce, ou bien en pèlerinage. Ces peuples, quoique indépendants les uns des autres, reconnaissent tous la suprématie spirituelle du grand lama de Lassa. Ils sont de race thibétaine et diffèrent totalement des Chinois. Leurs divers langages ne sont que des dialectes de la langue thibétaine.

L'année dernière, dans ma visite des chrétiens de Kouan-hién, je fis la rencontre d'un jeune lama, venu de l'intérieur des montagnes, pour prier dans une pagode de la ville. Dès que je lui eus dit que j'étais de l'Occident, à l'ouest de Lassa, je fus pour lui son compatriote. Il m'offrit sa maison et un de ses parents, habile dans le thibétain, pour m'apprendre la langue.

Sur ces enfaites, M. Papin, à qui ses infirmités interdisent la visite des chrétiens, envoyait deux Chinois dans ces montagnes pour s'assurer si la foi pouvait s'y introduire. Ils pénétrèrent jusqu'à Sô-mô, petite principauté gouvernée par une femme qui porte le titre de reine. Leur réception fut des plus bienveillantes, et lorsqu'ils annoncèrent l'arrivée du grand lama d'Occident, il leur fut répondu : « Qu'il vienne, nous irons à sa rencontre; nous « lui donnerons une maison et des maîtres « pour lui enseigner notre langue. »

M. Papin, forcé de renoncer à son entreprise par la faiblesse de sa santé et la position des lieux, m'a confié le soin de poursuivre son projet. L'occasion est très-favorable. Vers le premier jour de l'an chinois, deux sujets de la reine de Sô-mô, détachés d'une caravane, y sont venus s'assurer de la vérité de ce qui leur avait été dit sur le grand lama d'Occident.

Je me trouvais alors dans une belle et vaste maison; la salle de réception, qui tient lieu de chapelle, fut ornée comme aux jours des plus grandes solennités. Je pris ma plus belle aube, ma plus belle étole, mon plus beau bonnet, et je m'assis sur un fauteuil couvert d'un drap rouge et placé sur le marchepied de l'autel. Une vingtaine de néophytes chinois, très-élégamment vêtus, se trouvaient debout à mes côtés, rangés en demi-cercle. Alors on introduisit mes deux visiteurs. Du plus loin qu'ils m'aperçurent, ils commencèrent leurs prostrations et leurs cris d'admiration, qu'ils continuèrent jusqu'à mes pieds, où je leur fis signe d'avancer. Je leur adressai quelques mots en chinois, qu'ils entendirent fort peu, puis je les congédiai. Ils se retirèrent en disant à plusieurs reprises : « Oui, c'est vrai; tout ce qu'on nous avait dit est bien vrai. » De retour dans leur patrie, ces hommes n'auront pas manqué de peindre avec les plus vives couleurs la pompe dont ils ont été témoins, et qu'ils n'avaient probablement jamais recontrée à la cour de leur reine. Le moment serait donc venu de paraître parmi ces pauvre infidèles, pour leur faire connaître la véritable religion de Jésus-Christ.

LATRY, m. ap.

« Nous mettons fin à tous ces documents concernant le Thibet. Puissent les pieux associés de la propagation de la foi apprendre bientôt que tant de généreux efforts ont été couronnés d'un plein succès ! »

FIN.

TABLE

VOYAGE CHEZ LES ABORS.

TENTATIVES POUR PÉNÉTRER AU THIBET PAR L'EST (CHINE).

Paris. — Imprimerie de Gustave Gratiot, 30, rue Mazarine.

www.ingramcontent.com/pod-product-compliance
Ingram Content Group UK Ltd.
Pitfield, Milton Keynes, MK11 3LW, UK
UKHW020211250726
13967UKWH00003B/1407

9 782011 785794